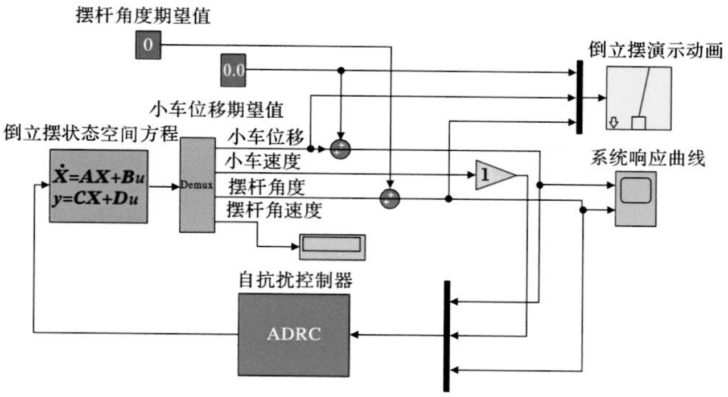

图6-8 一级倒立摆ADRC控制仿真模型

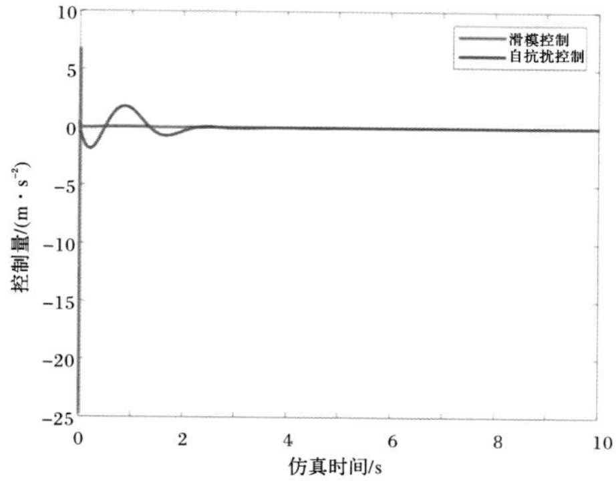

图7-18 滑模控制与自抗扰控制的变化曲线

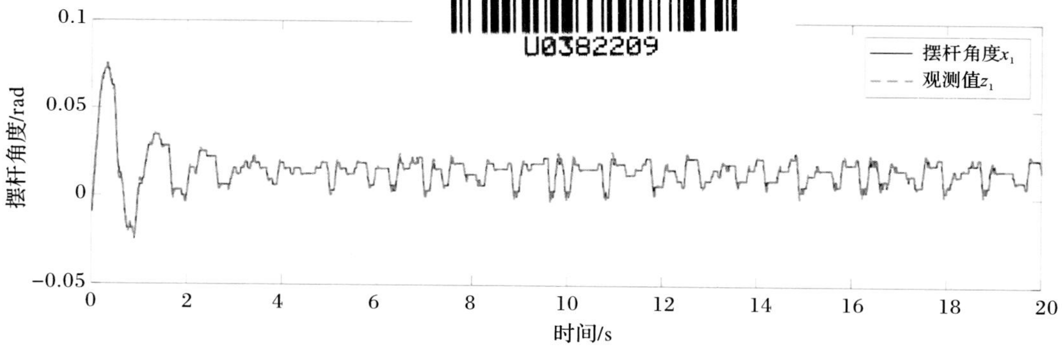

图6-21 摆杆角度的变化曲线

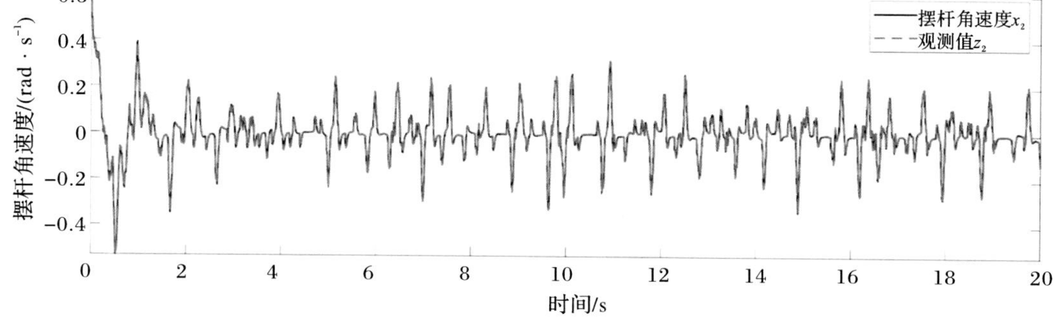

图6-22 摆杆角速度的变化曲线

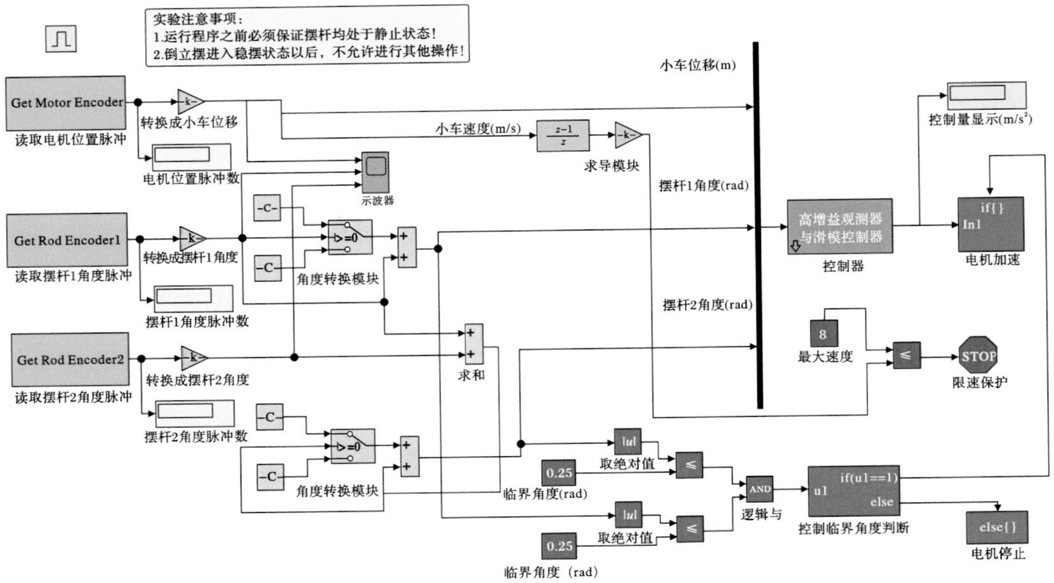

图7-10 高增益观测器与滑模控制程序

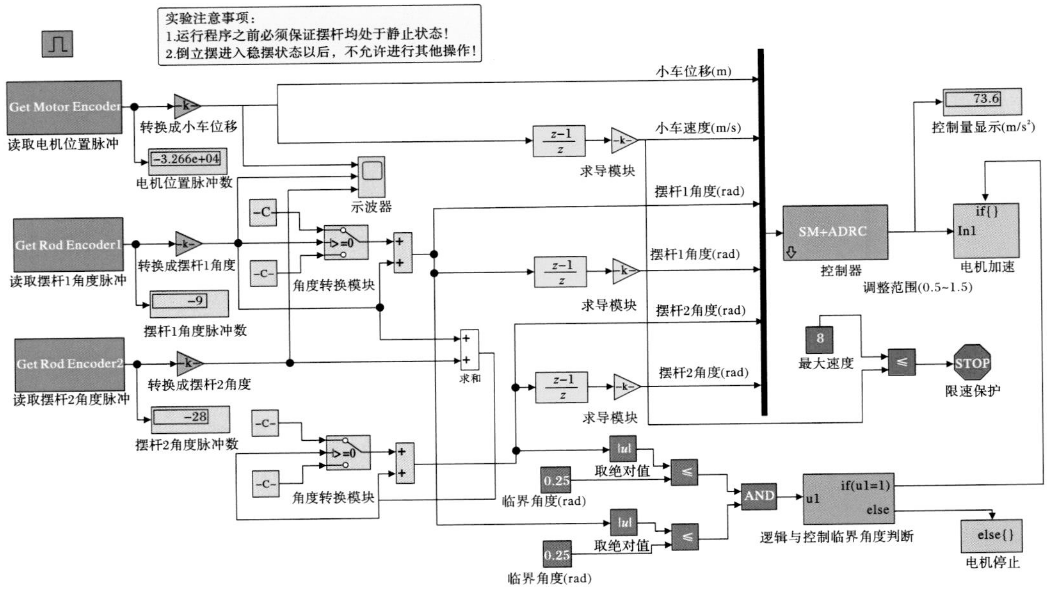

图7-20 基于SM+ADRC控制程序实现

先进与智能控制理论分析与应用实验教程

韩治国　许　锦　李　伟　朱　冰　编著

西北工業大學出版社
西　安

【内容简介】 本书共7章，在先进与智能控制的基本控制原理、计算机仿真和实物验证3个层次上合理组织教材内容，主要介绍基于先进与智能控制的基本设计原理、步骤以及具体实验过程，包括基础知识介绍、针对一类不确定非线性系统的自抗扰和自适应滑模控制器设计、直线一级和二级倒立摆控制系统设计与实验验证等内容。

本书可作为高等学校自动控制类和航空航天类专业研究生的实践课程教材，也可作为控制领域技术人员的工程实践活动参考书。

图书在版编目(CIP)数据

先进与智能控制理论分析与应用实验教程 / 韩治国等编著. —西安 ：西北工业大学出版社，2023.1
ISBN 978-7-5612-8627-2

Ⅰ. ①先… Ⅱ. ①韩… Ⅲ. ①智能控制-教材 Ⅳ. ①TP273

中国国家版本馆CIP数据核字(2023)第023772号

XIANJIN YU ZHINENG KONGZHI LILUN FENXI YU YINGYONG SHIYAN JIAOCHENG
先进与智能控制理论分析与应用实验教程
韩治国　许锦　李伟　朱冰　编著

责任编辑：华一瑾　刘　茜	**策划编辑**：刘　茜
责任校对：朱晓娟	**装帧设计**：李　飞
出版发行：西北工业大学出版社	
通信地址：西安市友谊西路127号	邮编：710072
电　　话：(029)88493844，88491757	
网　　址：www.nwpup.com	
印 刷 者：西安五星印刷有限公司	
开　　本：787 mm×1 092 mm	1/16
印　　张：7.125	彩插：1
字　　数：178千字	
版　　次：2023年1月第1版	2023年1月第1次印刷
书　　号：ISBN 978-7-5612-8627-2	
定　　价：48.00元	

前　言

随着科学技术的发展，现代社会对控制理论、技术、系统与应用提出了更高的要求，因此，夯实控制基础是高校人才培养的重要责任。随着工业生产和科学技术的发展，自动控制技术已经广泛、深入地应用于社会各个方面，如航空航天、工业生产、交通运输等。鉴于先进控制理论与智能控制理论作为现代控制技术的重要发展方向，如何提高学生对理论知识和实验技能的掌握程度，是急需解决的问题。

倒立摆是控制领域最为经典的研究对象之一，它具有非线性、强耦合等工程中十分普遍的特性。在控制领域中为了解决遇到的许多典型问题而提出的控制策略均可通过倒立摆实验系统来进行检验，并且其控制效果可以通过摆杆和小车的稳定性直观地体现出来。对倒立摆控制系统的研究不仅在理论层面意义巨大，而且对工业生产的发展进步也有着巨大的作用。通过对倒立摆控制方法的研究，对夯实学生理论基础和提高学生工程技术以及分析问题的能力都具有重要作用。

本书通过大量计算机仿真分析，致力于让学生掌握先进与智能控制的基本设计方法和实验验证方法。在此基础上，本书通过设计自适应滑模控制、自抗扰控制、卡尔曼滤波与滑模控制、反向传播（Back Propagation，BP）神经网络控制、高增益观测器与滑模控制、自抗扰与滑模控制以及深度神经网络控制等先进与智能方法，应用直线一级和二级倒立摆实验系统对上述方法进行实验验证，进一步夯实学生控制器的设计能力。

本书共 7 章，主要介绍基于先进与智能控制的基本设计原理、步骤以及具体实验过程，包括基础知识介绍、针对一类不确定非线性系统的自抗扰和自适应滑模控制器设计、直线一级和二级倒立摆控制系统设计与实验验证等内容。

本书的编写参考了大量文献，部分成熟理论、方法、工具软件的说明等内容是根据国内外优秀文献的相关内容选编、整理而成的。在此，对所引用文献的专家、学者表示崇高的敬意和衷心的感谢。

本书内容广泛，涉及很多方面的技术知识，西北工业大学教务处、西北工业大学出版社以及航天学院部分老师对本书的出版给予了大力支持，在此深致谢忱。

由于笔者水平有限，书中难免存在不妥之处，恳请读者批评指正。

编著者

2022 年 10 月

目　录

第1章 绪　论

1.1 研究背景和意义

20世纪50年代，经典控制理论初步形成，它以传递函数为基础，主要研究单输入、单输出的线性定常系统的分析和设计问题。20世纪50年代中期，以状态空间为基础的现代控制理论迅速兴起与发展，它可以解决多输入、多输出的线性定常系统的控制问题，且动态规划、极大值原理、卡尔曼滤波等理论扩大了控制理论的研究范围。然而，实际的系统常常具有不可忽略的非线性因素，非线性环节广泛存在。非线性系统的状态运动特性远比线性系统复杂得多，传统的经典控制理论及现代控制理论难以解决非线性问题。此外，经典控制理论、现代控制理论的应用均需要建立系统的精确数学模型，再基于模型用某种方法对系统进行补偿。然而，现实系统总存在难以建模的不确定环境干扰因素，而且实际系统的数学模型也不可能完全精确。为了解决不确定非线性系统的控制问题，之后的50多年，大量控制理论分支相继涌现，随机控制、最优控制、鲁棒控制、自适应滑模控制、自抗扰控制（Active Disturbances Rejection Controller，ADRC）、智能控制等控制理论发展迅速，在航空航天、航海等领域中均得到了广泛的应用。控制理论的发展过程如图1-1所示。

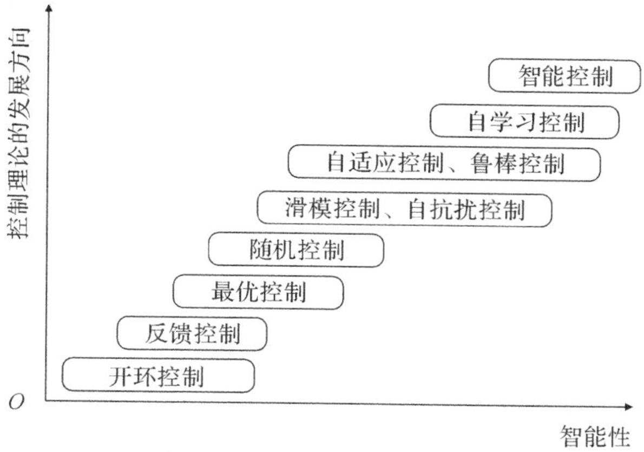

图1-1　控制理论的发展过程

目前，滑模变结构控制理论已经历了几十年的发展，其通过切换控制量使系统状态在滑模面上滑动，可以使系统在受到内部干扰及外部干扰时具有不变性，这种理想的鲁棒性能够使其对含有不确定因素的非线性系统进行有效控制。自适应控制是指实时根据对象和扰动特性的变化来调整控制器的参数，达到适应环境的效果。自抗扰控制技术的核心思想是将积分串联型看作标准型，将系统动态中不同于标准型的内扰和外扰视为总扰动，利用扩张状态观测器，实时估计总扰动，利用控制量加以消除，实现系统的自动抗扰。

综上所述，系统的非线性和不确定性在实际系统中广泛存在，研究不确定非线性系统的控制方法不仅在理论上意义重大，富有挑战性，而且具有十分重要的工程应用价值。目前滑模变结构控制、自适应控制及自抗扰控制均有了一定的理论基础，且已大量投入工程实践中。本书以自抗扰控制和自适应滑模控制为基础，研究存在不确定性条件的非线性系统的控制方法，实现非线性系统的精确控制，解决一类不确定非线性系统的控制问题。

1.2 不确定非线性系统研究现状

在实际系统中，非线性环节广泛存在，完全精确的线性系统并不存在。另外，在现代化的工程中，结构轻量化等设计要求，使各种机械系统不可避免地采用了柔性结构，从而系统的运动学行为表现出不可忽略的非线性特征。从1890年前后庞加莱等人创立相平面理论和奇异扰动法、李雅普诺夫提出稳定性理论开始，非线性系统的研究经过了几十年的发展，在很多方面已取得了重要成就，发展出了一系列实用的设计方法。

在实际系统中，不仅存在大量的非线性，还广泛存在不确定性，故对不确定非线性系统的控制方法研究具有十分重要的工程意义。1890年以来，国内外学者做了大量的研究，特别是微分几何理论的出现，大大加快了不确定非线性系统控制方法的研究进程。但不确定非线性系统的控制理论总体上还处于发展研究阶段，目前常用的控制方法主要有相对阶与反馈线性化方法、自适应逆控制、反步(Backstepping)法、鲁棒自适应控制法、模糊控制法、滑模变结构控制法、自抗扰控制法、神经网络控制法等。上述方法均有其优、缺点，自适应滑模控制同时具备滑模控制和自适应控制的优点，能够实时改变控制参数，克服系统模型的不确定性以及未知环境干扰。自抗扰控制将系统模型简化为标准积分串联型，其他部分视为总扰动，具有模型无关、天然解耦及动态过程改造的便捷性。因此，自适应滑模控制和自抗扰控制是不确定非线性系统的重要控制方法之一。

1.3 自抗扰控制研究现状

1998年，韩京清在继承了经典比例-积分-微分(Proportional Integral and Derivative，PID)控制的精髓，同时吸纳了现代控制理论成果之后，提出了ADRC的概念，其核心思想就是要在系统最终输出受到扰动影响前，主动从被控对象的输入、输出信号中提取扰动信息(内部扰动和外部扰动)，然后尽快用控制信号把它消除，从而大大减小它对被控量的影响。目前ADRC在很多实际系统中已经成功实现了更快速、更高精度的控制效果。但是韩京清提出的非线性自抗扰控制器调节参数过多，调节整定复杂，在很大程度上限制了ADRC的应用。对此，高志强博士将非线性ADRC简化为线性ADRC，将控制整定参数减少到3个，极大地促进了自抗扰控制器的应用与发展。与此同时，夏元清等人提出组合ADRC的方法，在控制初始阶段，扰动和估计偏差较大时，采用线性 ADRC；当扰动和估计偏差不大时，采用非线性 ADRC，以提高控制精度及自抗扰能力。

近年来，ADRC 逐步应用于越来越多的科学技术领域中。李兴哲等人设计了四旋翼无人机 ADRC 控制系统（见图 1-2），并进行了真机实地试验，将自抗扰控制和 PID 控制的性能进行了对比，验证了自抗扰控制的优越性。张东洋针对一类非线性不确定系统，基于逆李雅普诺夫方法证明了自抗扰控制算法的稳定性，将自抗扰控制方法应用在带钢处理线活套的张力控制问题中，验证了其实用性。柳志强等人以两轴两框架光电跟瞄吊舱的方位轴为例设计串级自抗扰控制器，通过抗干扰仿真、动态响应、鲁棒性仿真试验与传统控制方法比较，验证了所提出的串级自抗扰控制算法控制性能可靠，具有高抗扰和强鲁棒的特性。ADRC的模型无关性、天然的解耦性、过程动态改造的便捷性、预测性、易用性、灵活性、鲁棒性、创新性和包容性使得其对不确定非线性系统有优越的控制性能及工程实践意义。目前 ADRC 正在从通用 ADRC、线性 ADRC、单一结构 ADRC 向专用 ADRC、线性非线性组合 ADRC、统一融合的主动抗扰架构过渡。

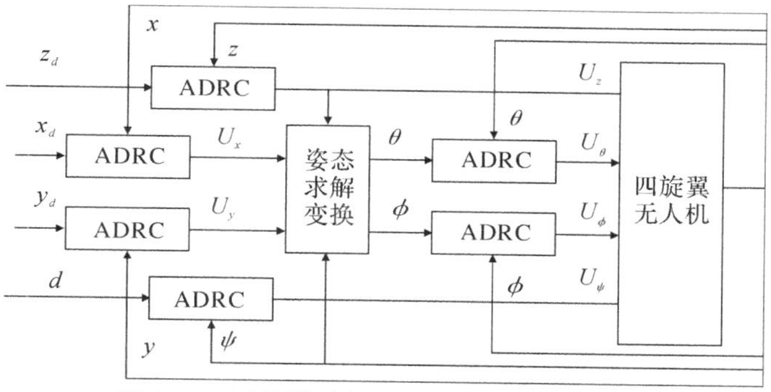

图 1-2　四旋翼无人机 ADRC 控制系统框图

1.4　自适应滑模控制研究现状

滑模控制理论是由苏联学者 Emeleyanov、Utkin 等人在 20 世纪 60 年代提出的特殊的变结构控制方法。20 世纪 80 年代，我国学者高为炳编写了相关专著——《变结构控制理论基础》，引起了国内众多学者的兴趣，并随之出现了一系列的研究成果。滑模控制理论经过 60 余年的发展，已经成为非线性控制理论的一个重要分支，其应用也涵盖了电力系统自动化、水下机器人、机械臂控制、航空航天控制等众多领域。国内学者霍鑫针对一类不确定非线性系统，提出了一种基于非光滑利普希茨曲面的滑模变结构控制设计方法，提出的开关控制设计方法可以依据轨迹所在区域选取切换面，从而提高控制设计的灵活性；陈文轶采用饱和函数取代符号函数的方法，消除了传统不确定时滞系统滑模控制器的不连续性导致的抖振现象，并将模糊控制与变结构控制结合，优化了控制性能；周占民等人将快速非线性跟踪微分器和扰动观测器加入鲁棒滑模控制器中，补偿了扰动对系统的影响，并在单轴永磁同步电机试验平台上进行对比试验，证明了该方法的有效性；等等。国外学者 Xu 等人针对不确定非线性系统，设计了包含两个滑模面的滑动扇区，将控制信号转化为连续的，减少了系统的抖振现象；Choi 针对不匹配不确定系统，利用线性矩阵不等式（Linear Matrix Inequality，LMI）方法进行了变结构控制器设计；等等。

自适应滑模变结构控制是滑模变结构控制与自适应控制的有机结合，是一种解决参数不确定或时变参数系统控制问题的新型控制策略。近年来，对自适应滑模变结构控制理论开展了大量研究，其在工程上也得到了很好的应用。国内学者张凯针对航天器近距离运动的相对轨道控制问题，采用了自适应滑模控制方法，利用具有积分形式的强非线性李雅普诺夫函数，提出了一种新型快速有限时间控制器；王元超针对系统模型不确定性、外部扰动和输入饱和问题，提出了自适应非奇异终端滑模控制方法，避免了传统滑模的奇异性问题，同时有效降低了抖振，提高了伺服系统性能和鲁棒性；等等。国外学者 Song 等人针对一类不确定气压伺服系统，提出了模型参考自适应滑模控制方法，并在此基础上提出了克服减少抖振现象的有效方法；Yuri Shtessel 等人提出了一种用于电动气动执行器控制的新型超螺旋自适应滑模控制器，重点考虑了未知边界的系统不确定性和摄动，证明了闭环系统在有限时间收敛，并且在试验装置（见图 1－3）上评估了该控制器的效能；Michael Basin 等人在此基础上提出一类具有在未知边界扰动下可以在固定时间内收敛的自适应超螺旋控制器，并给出了固定收敛时间估计；Li 等人结合了 Backstepping 方法、滑模控制以及自适应方法，实现了对一类不匹配不确定非线性系统的精确控制；Koshkouei 等人采用自适应滑模控制方法，对一类不匹配不确定的非线性系统进行了控制器设计；等等。

图 1－3　Yuri Shtessel 等人进行试验的电动气动执行机构试验装置

综上所述，近几十年来自适应滑模控制和自抗扰控制均取得了重要研究进展，发展较为成熟，从理论和实践应用方面都表明了针对不确定非线性系统，采用自适应滑模控制和自抗扰控制能使系统稳定，能够克服内外干扰影响，并达到良好的控制性能。

1.5　智能控制研究现状

智能控制（Intelligent Control）是一个控制与人工智能交叉的学科，是控制理论发展的高级阶段，主要用来解决传统自动控制方法难以解决的复杂系统的控制问题，它是人工智能和自动控制的创新产物，是当今自动控制学科发展的主要方向。智能控制技术经过不断的发展，出现了如模糊控制、遗传控制、神经网络控制以及强化学习控制等智能控制方法。

由于控制系统的高度非线性和强耦合性，传统的控制方法在控制中难以得到令人满意的效果。神经网络模型可以识别和控制大量的非线性动力系统。神经网络控制正是利用神经网络通过学习逼近任意线性或非线性映射的能力。另外，多输入、多输出系统中控制耦合的问题，也能通过神经网络来解耦控制。深度神经网络已被证明在许多辨识任务中是成功的，然而，从基于模型的控制角度来看，这些网络很难使用，因为它们通常是非线性和非凸的。因此，尽管许多系统表现能力较差，但仍然基于简单的线性模型进行识别和控制。

在多目标控制问题中，虽然神经网络方法能够对系统进行基本的控制，但是，对于多目标而言，必须在一个范围内优化几个目标，由于目标之间通常存在冲突，目标的权重可能会随着时间而变化。因此，为了在目标之间找到适当的控制过程中各目标的相关权重，确保系统在面对不确定性时能够实现自主控制，强化学习方法就被运用到了控制当中。强化学习控制就是将系统辨识问题和最优控制问题转化为机器学习问题，而且还可以在线解决复杂的优化问题以及计算控制动作。强化学习控制凭借其无需建模和可直接使用非线性仿真模型等优点，被广泛用于寻找具有不确定性动态系统的最优控制器当中。

第2章 基础知识介绍

2.1 非线性系统理论

2.1.1 非线性系统的定义

非线性系统是输入和输出不成正比的系统,不满足叠加原理,其可能表现出更复杂的动力学行为。非线性系统状态方程可表示为

$$\dot{\boldsymbol{x}} = f(\boldsymbol{x},\boldsymbol{u},t) \tag{2-1}$$

式中:$\boldsymbol{x}$ 为系统状态向量;$\boldsymbol{u}$ 为输入向量;t 为时间;$f(\cdot)$ 为非线性函数,针对不同的非线性环节,$f(\cdot)$ 的表现形式不同。

式(2-1)的平衡点可以通过下式求解,即

$$f(\boldsymbol{x},\boldsymbol{u},t) = \boldsymbol{0} \tag{2-2}$$

2.1.2 非线性系统的特征

非线性系统的运动主要有以下特点:

(1)稳定性分析复杂。非线性系统可能存在多个平衡状态,且各平衡状态的稳定性不尽相同,且与系统初始条件有关。

(2)可能存在自激振荡现象。考虑著名的范德波尔方程:

$$\ddot{x} - 2\rho(1-x^2)\dot{x} + x = 0,\quad \rho > 0 \tag{2-3}$$

式(2-3)描述了具有非线性阻尼的非线性二阶系统。当扰动 $x<1$ 时,$-2\rho(1-x^2)<0$,系统具有负阻尼,$x(t)$ 的运动呈发散形式;当扰动 $x>1$ 时,$-2\rho(1-x^2)>0$,系统具有正阻尼,$x(t)$ 的运动呈收敛形式;当扰动 $x=1$ 时,系统为零阻尼,保持幅值为1的等幅自激振荡。

(3)频率响应发生畸变。非线性系统的频率响应含有关于 ω 的高次谐波分量,这会导致非线性畸变发生。若系统含有多值非线性环节,输出的各次谐波分量的幅值还可能发生跃变。

2.1.3 系统的稳定性分析

定义2-1 系统 $\dot{\boldsymbol{x}} = f(\boldsymbol{x})$ 对应的平衡点是 $\boldsymbol{x}=\boldsymbol{0}$。如果对 $\forall \varepsilon>0$,存在函数 $\delta(\varepsilon)>0$,

满足：

$$\| \boldsymbol{x}(0) \| < \delta \Rightarrow \| \boldsymbol{x}(t) \| < \varepsilon, \quad \forall t \geqslant 0 \tag{2-4}$$

则系统在该平衡点处稳定。否则，就是不稳定的。

若满足下式：

$$\| \boldsymbol{x}(0) \| < \delta \Rightarrow \lim_{t \to \infty} \boldsymbol{x}(t) = \boldsymbol{0} \tag{2-5}$$

则该系统在该平衡点处渐近稳定。

定理 2-1(李雅普诺夫稳定定理) 系统 $\dot{\boldsymbol{x}} = f(\boldsymbol{x})$ 对应的平衡点是 $\boldsymbol{x} = \boldsymbol{0}$。$D \subset \mathbf{R}^n$ 包含该平衡点的域。存在一个连续可微的函数 $V: D \to \mathbf{R}$，满足：

(1)$V(\boldsymbol{0}) = 0$ 且 $V(\boldsymbol{x}) > 0$ 在 $D - \{0\}$ 域内。

(2)$\dot{V}(\boldsymbol{x}) \leqslant 0$，在 D 域内，则该平衡点处是李雅普诺夫稳定的。

(3)$\dot{V}(\boldsymbol{x}) < 0$，在 D 域内，则该平衡点处是李雅普诺夫渐近稳定的。

定理 2-2(全局渐近稳定定理) 系统 $\dot{\boldsymbol{x}} = f(\boldsymbol{x})$ 对应的平衡点是 $\boldsymbol{x} = \boldsymbol{0}$。存在一个连续可微函数 $V: \mathbf{R}^n \to \mathbf{R}$，满足：

(1)$V(\boldsymbol{0}) = 0$ 且 $V(\boldsymbol{x}) > 0, \forall \boldsymbol{x} \neq \boldsymbol{0}$。

(2)$\| \boldsymbol{x}(0) \| \to \infty \Rightarrow V(\boldsymbol{x}) \to \infty$。

(3)$\dot{V}(\boldsymbol{x}) < 0, \forall \boldsymbol{x} \neq \boldsymbol{0}$。

则该平衡点处是全局渐近稳定的。

综上所述，非线性系统的稳定性分析较为复杂。1885 年，庞加莱针对常见的二阶系统提出相平面分析法，通过将系统的运动在位置-速度平面上以相轨迹的形式描述出来，直观地体现系统的稳定性。图 2-1 给出了线性二阶系统的四种相图形式。如图 2-1(a) 所示，随着时间推移，轨迹远离平衡点，所以系统是不稳定的；如图 2-1(b)(c) 所示，随着时间推移，轨迹都可以收敛到平衡点，所以系统是稳定的；如图 2-1(d) 所示，随着时间推移，轨迹绕着平衡点附近运动，既不会逐渐接近平衡点，也不会逐渐远离平衡点，因此是临界稳定状态，围绕平衡点做等幅振荡。

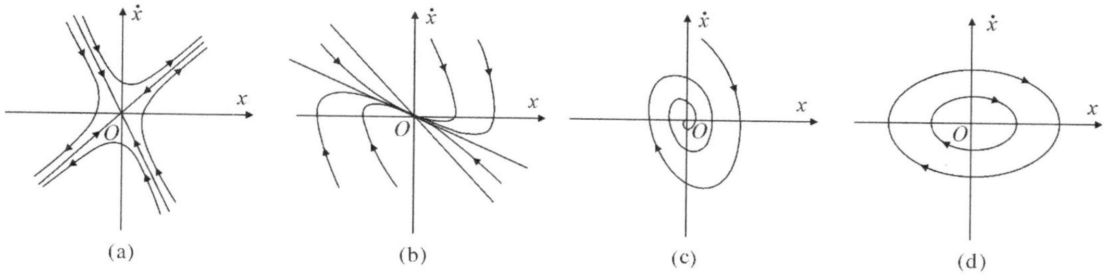

图 2-1 线性二阶系统的四种相图形式

(a) 鞍点；(b) 稳定节点；(c) 稳定漩涡；(d) 中心点

图 2-2 所示为非线性二阶系统极限环，x_1、x_2 分别表示系统的两个不同状态。针对非线性系统，也可以做出不同初始条件下的相平面图，直观分析系统稳定性。图2-2(a) 所示为一非线性二阶系统的稳定极限环，无论系统状态是从外面还是从里面出发，最终都会靠近极

限环。图 2-2(b) 所示为一非线性二阶系统的不稳定极限环,无论系统状态是从外面还是从里面出发,均会随着时间推移远离极限环。

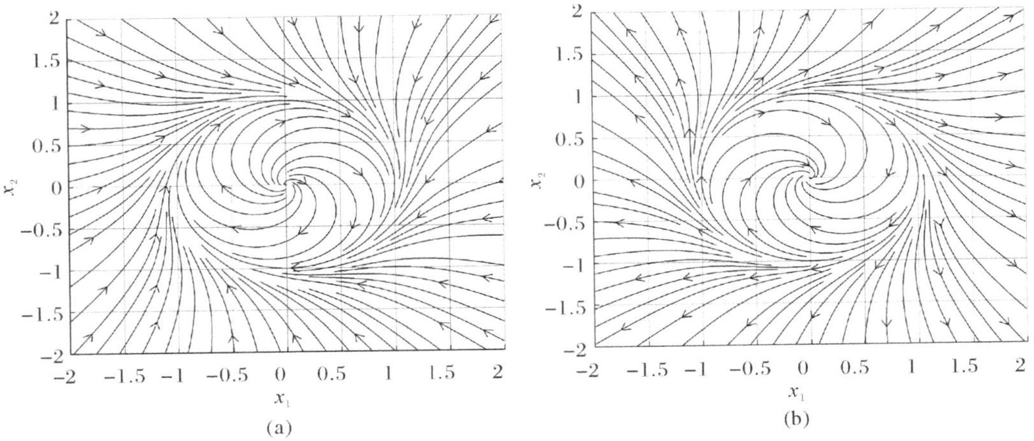

图 2-2 非线性二阶系统极限环

(a) 稳定极限环;(b) 不稳定极限环

2.2 自抗扰控制基本原理

自抗扰控制器可分为非线性 ADRC 和线性 ADRC 两大类。韩京清提出的非线性 ADRC,用扩张状态观测器(Extended State Observer,ESO) 估计系统包括内扰和外扰在内的总扰动,设计跟踪微分器(Tracking Differentiator,TD) 及安排过渡过程来减少给定突变引起的系数大幅度超调,最后用非线性状态误差反馈控制器(State Error Feedback,SEF) 来改进控制效果,改进了 PID 控制的固有缺陷。二阶系统非线性 ADRC 的结构图如图2-3 所示。

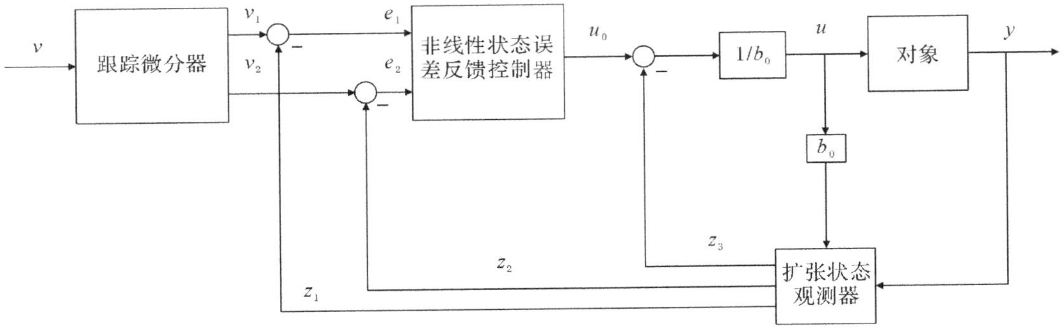

图 2-3 二阶系统非线性 ADRC 的结构图

高志强提出的线性 ADRC 略去了跟踪微分器,重点简化了扩张状态观测器与控制器。其核心思想是将扩张状态观测器与误差反馈控制器线性化,将需整定参数与控制器带宽相联系,简化控制器的参数整定。二阶系统线性 ADRC 的结构图如图 2-4 所示。

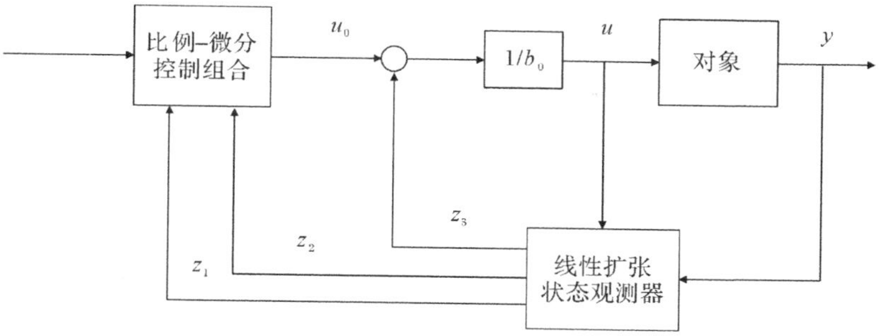

图 2－4　二阶系统非线性 ADRC 的结构图

设有 n 阶对象：

$$\left.\begin{aligned}\dot{x}_1 &= x_2\\ \dot{x}_2 &= x_3\\ &\cdots\cdots\\ \dot{x}_{n-1} &= x_n\\ \dot{x}_n &= f[x_1, x_2, \cdots, x_{n-1}, \omega(t), t] + bu\\ y &= x_1\end{aligned}\right\}\tag{2-6}$$

式中：x_1、x_2、…、x_n 为系统状态变量；$\omega(t)$ 为外扰作用；$f[x_1, x_2, \cdots, x_{n-1}, \omega(t), t]$ 为总扰动。ADRC 的核心在于实时估计 $f[x_1, x_2, \cdots, x_{n-1}, \omega(t), t]$，并加以消除，使式(2－6) 变成线性积分器串联标准型，从而使控制变得简单。

2.2.1　扩张状态观测器

扩张状态观测器的基本思想就是将总扰动看成一个新的系统状态变量，再重新构建系统以观测系统原有状态及总扰动。对于式(2－6) 所示的二阶系统，将干扰量

$$a(t) = f[x_1, x_2, \cdots, x_{n-1}, \omega(t), t]\tag{2-7}$$

看作一个扩张的系统状态变量

$$x_{n+1} = a(t) = f[x_1, x_2, \cdots, x_{n-1}, \omega(t), t]\tag{2-8}$$

加入原系统中，式(2－6) 变为

$$\left.\begin{aligned}\dot{x}_1 &= x_2\\ \dot{x}_2 &= x_3\\ &\cdots\cdots\\ \dot{x}_n &= x_{n+1} + bu\\ \dot{x}_{n+1} &= \dot{f}[x_1, x_2, \cdots, x_{n-1}, \omega(t), t]\\ y &= x_1\end{aligned}\right\}\tag{2-9}$$

对此系统建立非线性状态观测器：

$$\left.\begin{aligned} \varepsilon_1 &= z_1 - y \\ \dot{z}_1 &= z_2 - \beta_1 \mathrm{fal}(\varepsilon_1, a_1, \delta) \\ \dot{z}_2 &= z_3 - \beta_2 \mathrm{fal}(\varepsilon_1, a_2, \delta) \\ &\cdots\cdots \\ \dot{z}_n &= z_{n+1} - \beta_n \mathrm{fal}(\varepsilon_1, a_n, \delta) + b_0 u \\ \dot{z}_{n+1} &= -\beta_{n+1} \mathrm{fal}(\varepsilon_1, a_{n+1}, \delta) \end{aligned}\right\} \tag{2-10}$$

式中：$\mathrm{fal}(x,a,\delta)$为非线性函数，即

$$\mathrm{fal}(x,a,\delta)=\begin{cases} \dfrac{x}{\delta^{1-a}}, & |x|\leqslant\delta \\ \mathrm{sgn}(x)\ |x|^{a}, & |x|>\delta \end{cases} \tag{2-11}$$

这样，在 b_0 接近实际值 b 的情况下，就能使扩张观测器的状态变量 $z_i(t)$ 跟踪系统的状态变量 $x_i(t)$，且有较大的适应范围。

为了简化参数整定，可以采用线性扩张状态观测器：

$$\left.\begin{aligned} \varepsilon_1 &= z_1 - y \\ \dot{z}_1 &= z_2 - \beta_1 \varepsilon_1 \\ \dot{z}_2 &= z_3 - \beta_2 \varepsilon_1 \\ &\cdots\cdots \\ \dot{z}_n &= z_{n+1} - \beta_n \varepsilon_1 + b_0 u \\ \dot{z}_{n+1} &= -\beta_{n+1} \varepsilon_1 \end{aligned}\right\} \tag{2-12}$$

则参数 β_1、β_2、…、β_{n+1}，可以通过下式与带宽 ω_0 联系：

$$\lambda(s) = s^{n+1} + \beta_1 s^n + \beta_2 s^{n-1} + \cdots + \beta_n s + \beta_{n+1} = (s+\omega_0)^{n+1} \tag{2-13}$$

若系统为二阶系统，即 $n=2$ 时，$\beta_1 = 3\omega_0$，$\beta_2 = 3\omega_0{}^2$，$\beta_3 = \omega_0{}^3$，由此可见线性 ESO 参数整定可简化为对带宽 ω_0 的调整。

2.2.2 跟踪微分器

合理安排过渡过程可以减小系统超调，降低能量损耗。可以通过微分跟踪器的设计来实现对过渡过程的合理安排，其本质上是一个函数发生器。

韩京清对离散系统

$$\left.\begin{aligned} x_1(k+1) &= x_1(k) + h x_2(k) \\ x_2(k+1) &= x_2(k) - r_0 u(k) \end{aligned}\right\} \tag{2-14}$$

提出了一种最速综合函数 $\mathrm{fhan}(x_1, x_2, r_0, h_0)$：

$$\left.\begin{aligned} d &= r_0 h_0{}^2 \\ a_0 &= h_0 x_2 \\ y &= x_1 + a_0 \\ a_1 &= \sqrt{d(d+8|y|)} \\ a_2 &= a_0 + \mathrm{sgn}(y)(a_1 - d)/2 \\ s_y &= [\mathrm{sgn}(y+d) - \mathrm{sgn}(y-d)]/2 \\ a &= (a_0 + y - a_2)s_y + a_2 \\ s_a &= [\mathrm{sgn}(a+d) - \mathrm{sgn}(a-d)]/2 \\ \mathrm{fhan} &= -r[a/d - \mathrm{sgn}(a)]s_a - r_0 \mathrm{sgn}(a) \end{aligned}\right\} \tag{2-15}$$

式中：x_1、x_2 为系统状态；r_0、h_0 为函数控制参量。基于这个函数建立的离散最速反馈系统如下：

$$\left.\begin{aligned} &\text{fh} = \text{fhan}[x_1(k) - v(k), x_2(k), r_0, h_0] \\ &x_1(k+1) = x_1(k) + hx_2(k) \\ &x_2(k+1) = x_2(k) + h\text{fh} \end{aligned}\right\} \tag{2-16}$$

式中：x_1 能够快速无超调地跟踪信号 v；x_2 可以跟踪 v 的微分信号。

2.2.3　误差反馈控制器

非线性 ADRC 推荐采用的非线性组合主要为

$$u_0 = \beta_1 \text{fal}(e_1, a_1, \delta) + \beta_2 \text{fal}(e_2, a_2, \delta) \tag{2-17}$$

式中：a_1 和 a_2 取值需满足 $0 < a_1 < 1 < a_2$；c 为阻尼因子；h_1 为精度因子。

对于二阶系统，线性 ADRC 的误差反馈控制器大多采用一个简单的比例-微分(Proportional Derirative, PD)控制组合简化参数整定与控制器设计：

$$u_0 = k_p(r - z_1) - k_d z_2 \tag{2-18}$$

式中：r 为输出期望值；z_1 为输出观测量；z_2 为系统速度观测量；k_p、k_d 分别为比例系数和微分系数。

实际控制量 u 被分为两部分，一部分为补偿扰动的分量，另一部分为用误差反馈来控制标准积分串联型的分量，即

$$u = u_0 - z_{n+1}/b_0 \tag{2-19}$$

上文为最基本的非线性及线性 ADRC 组成原理，在此基础上改进不同形式的跟踪微分器、扩张状态观测器、误差反馈控制器时，会使 ADRC 的性能有所差异，但其核心思想与基本原理并无差异。

2.3　滑模控制基本原理

2.3.1　滑动模态定义及数学表达

考虑一般情况，在系统

$$\dot{\boldsymbol{x}} = f(\boldsymbol{x}) \tag{2-20}$$

的状态空间中，有一个超曲面 $\boldsymbol{s}(\boldsymbol{x}) = \boldsymbol{s}(x_1, x_2, \cdots, x_n)$，如图 2-5 所示，它将状态空间分成上下两部分：$\boldsymbol{s} > \boldsymbol{0}$ 及 $\boldsymbol{s} < \boldsymbol{0}$。在切换面上的运动点通常有以下三种情况。

(1) 通常点：运动点运动到切换面 $\boldsymbol{s} = \boldsymbol{0}$ 附近时，穿越此点而过(点 A)。

(2) 起始点：运动点到达切换面 $\boldsymbol{s} = \boldsymbol{0}$ 附近时，向切换面的两边离开(点 B)。

(3) 终止点：运动点到达切换面 $\boldsymbol{s} = \boldsymbol{0}$ 附近时，从切换面的两边趋向于该点(点 C)。

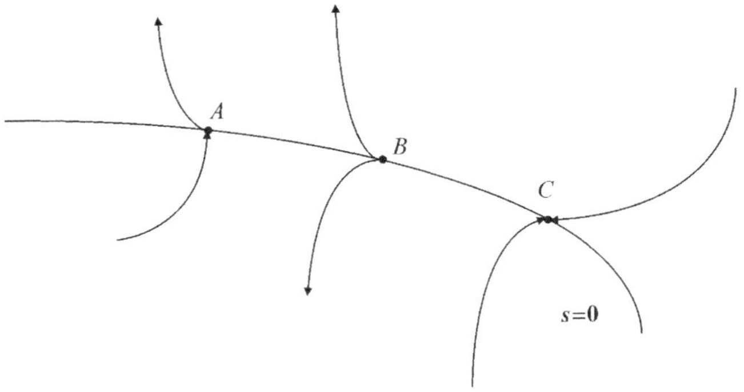

图 2-5　切换面上三种点的特性

若切换面上某一区域内所有点都是终止点，则一旦运动点趋于该区域时，就被“吸引”在该区域内运动。因此，就称在切换面 $s=0$ 上所有的运动点都是终止点的区域为“滑动模态区”，简称“滑模区”。系统在滑模区中的运动就称为滑模运动。易得，设计滑模面时，需满足：

$$s\dot{s} \leqslant 0 \tag{2-21}$$

此时，系统本身也就稳定于条件 $s=0$。

2.3.2　滑模变结构控制的定义

滑模变结构控制的基本问题如下，设有控制系统：

$$\dot{x} = f(x,u,t)\ ,x \in \mathbf{R}^n,u \in \mathbf{R}^m,t \in \mathbf{R} \tag{2-22}$$

需要确定滑动模态：

$$s(x)\ ,s \in \mathbf{R}^m \tag{2-23}$$

进而求解控制函数：

$$u = \begin{cases} u^+(x), & s(x) > 0 \\ u^-(x), & s(x) < 0 \end{cases} \tag{2-24}$$

其中，$u^+(x) \neq u^-(x)$，使得：

(1) 滑动模态存在，即式(2-24)成立。

(2) 满足可达性条件，在滑模面 $s=0$ 以外的运动点都将于有限时间内到达滑模面，即式(2-21)成立。

(3) 保证滑模运动的稳定性。

(4) 达到控制系统的动态品质要求。

2.3.3　滑模趋近律

趋近运动为 $s \to 0$ 的过程。采用不同的趋近律，可以改变趋近运动的动态品质。以下是几种典型的趋近律。

(1) 等速趋近律。

$$\dot{s} = -\varepsilon \operatorname{sgn}(s)\ ,\quad \varepsilon > 0 \tag{2-25}$$

式中：常数 ε 表示系统的运动点趋近切换面 $s=0$ 的速率。ε 越小，趋近速度越慢；ε 越大，趋近速度越快，引起的抖振也越大。

(2) 指数趋近律。

$$\dot{s}=-\varepsilon \operatorname{sgn}(s)-ks,\quad \varepsilon>0,k>0 \tag{2-26}$$

式中：$\dot{s}=-ks$ 是指数趋近项，其解为 $s=s(\mathbf{0})\mathrm{e}^{-kt}$，可以保证当 $\|s\|$ 较大时，系统状态能以较大的速度趋近于滑动模态，可以解决具有大阶跃响应的控制问题，缩短了趋近时间，而且使运动点到切换面时的速度很小。再加入一个等速趋近项 $\dot{s}=-\varepsilon \operatorname{sgn}(s)$，当 s 接近于 $\mathbf{0}$ 时，趋近速度是 ε 而不是 0，可以保证有限时间到达。

(3) 幂次趋近律。

$$\dot{s}=-k\|s\|^{\alpha}\operatorname{sgn}(s),\quad k>0,\alpha>0$$

通过调整 α 的值，可保证当系统状态远离滑动模态时，能以较大的速度趋近于滑动模态；当系统状态趋近于滑动模态时，保证较小的控制增益，以减少抖振。

2.3.4 滑模的抖振现象

控制的切换动作所造成的控制的不连续是抖振发生的本质原因，在实际中，抖振现象是必定存在的。目前，减少系统抖振现象的主要方法如下：

(1)用饱和函数代替不连续的控制函数。这种方法可以实现连续控制并消除抖振。但是，它将滑模系统的轨迹约束在滑模表面附近而不是滑模表面上，从而降低了对扰动的鲁棒性。

(2)模糊方法。根据经验，以减少抖振来设计模糊逻辑规则，或采用模糊逻辑实现滑模控制参数的自调整；或利用模糊系统的万能逼近特性，逼近外界干扰及不确定性，并加以补偿；或逼近滑模控制器的切换部分，将不连续的控制信号连续化。

(3)采用高阶滑模控制技术。高阶滑模能够解决传统滑模控制中的相对阶限制，在存在扰动/不确定性的情况下，其连续导数提高了滑动变量稳定的精度。

(4)使用具有动态增益的控制器。通过增益对不确定性/摄动效应的自适应调整，进一步减少增益引起的抖振现象。

本节主要采用饱和函数代替符号函数及设计自适应增益的方式减少系统抖振，并保持系统的对不确定性干扰的适应能力。

2.4 神经网络基本原理

2.4.1 基本原理介绍

神经网络是具有适应性的简单单元组成的广泛并行互联的网络，它的组织能够模拟生物神经系统对真实世界物体的交互反应。神经元是神经网络的基本组成结构。神经元模型来自人类大脑结构中的神经系统，每一个神经元由三部分组成，分别是细胞体、树突和轴突，三部分相辅相成共同完成信息的接收、处理和传出的过程，图 2-6 所示为人体神经元结构示意图。神经元兴奋时其内部电位会改变，当电位差超过了某个特定值时，该神经元就会被激活。

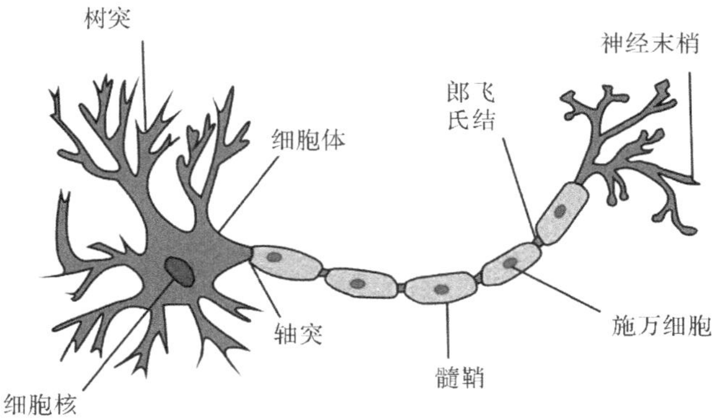

图 2-6　人体神经元结构示意图

1943 年，心理学家 W. S. McCulloch 和数理逻辑学家 W. Pitts 基于神经元的生理特征，建立单个神经元的数学模型，即“M-P 神经元模型”。神经元接收来自 n 个其他神经元传递过来的输入信号，这些输入信号通过带权重的连接进行传递，神经元接收的总输入值与神经元的阈值进行比较，通过激活函数处理以产生神经元的输出。图 2-7 所示为 M-P 神经元模型。

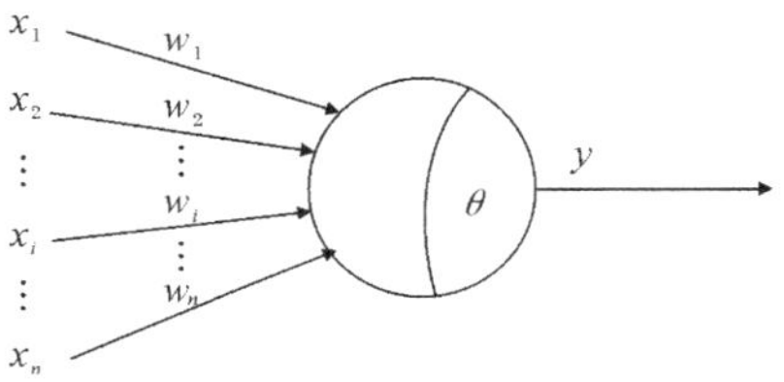

图 2-7　M-P 神经元模型

M-P 神经元模型的输出公式为

$$y = f\left(\sum_{i=1}^{n} w_i x_i - \theta\right)$$

式中：x_i 为输入值；n 为输入值，即输入层神经元个数；w_i 为输入值对应的权重；f 为激活函数，决定节点的输出；θ 为神经元的阈值。若最终乘积和大于临界值，则输出端取 1；若其小于临界值，则输出端取 -1。神经网络是通过输入数据学习权重和阈值。其学习规则非常简单，对输入数据 (x, y)，若当前感知机的输出为 $\hat{y}$，则权重更新为

$$\left.\begin{aligned} w_i &\leftarrow w_i + \Delta w_i \\ \Delta w_i &= \eta(y - \hat{y})x_i \end{aligned}\right\} \tag{2-27}$$

式中：$\eta \in (0,1)$ 称为学习率。从式(2-27)可以看出，若感知机对输入数据的预测正确，则权重保持不变，否则将依据输出结果和正确结果的偏差进行权重调整。单层感知机只能用于完成最简单的识别问题，只能解决线性可分问题。实际问题一般是非线性可分的，对单层感知器进行组合和升级，可得到多层感知器，又名多层感知网络。

多层感知器由三部分组成，即输入层、隐藏层以及输出层，每层由排列成层的单位神经元组合而来。同一层的神经元相互独立，每一层的神经元仅与下一层的神经元通过权重与偏差连接将若干个单层神经网络连接在一起。多层感知器可以有不同的输出神经元，可以解决

难度更高的识别分类问题。整个过程中没有环回的计算，仅前向传送数据，所以多层感知器又被称为多层前馈神经网络(Multi-layer Feed forward Neural Networks)。在多层前馈神经网络中：输入层主要接收训练数据；隐含层主要通过权重和偏置对信息进行变换，同时经过激活函数在模型中引入非线性因素；输出层用来输出期望值。可见神经网络的学习过程，就是通过输出数据和真实数据结果之间的偏差不断修正连接权重和阈值。但当处理复杂问题时，需要学习的参数数量过多，需要训练的时间较长，而且权重随机初始化的方式导致网络较难收敛到全局最小值。

1981 年的诺贝尔医学奖颁发给 David Hubel、Torsten Wiesel 及 Roger Sperry，他们的主要研究内容是发现了视觉系统的信息处理机制，可视皮层是分级的。人类对人脸判断的视觉原理如下：从认识最初的像素开始，接着发现图像的边缘，然后对边缘信息进行类别判定，如眼睛、耳朵等，最后判断图片为多张人脸。图 2-8 所示为人脑识别人脸过程图。

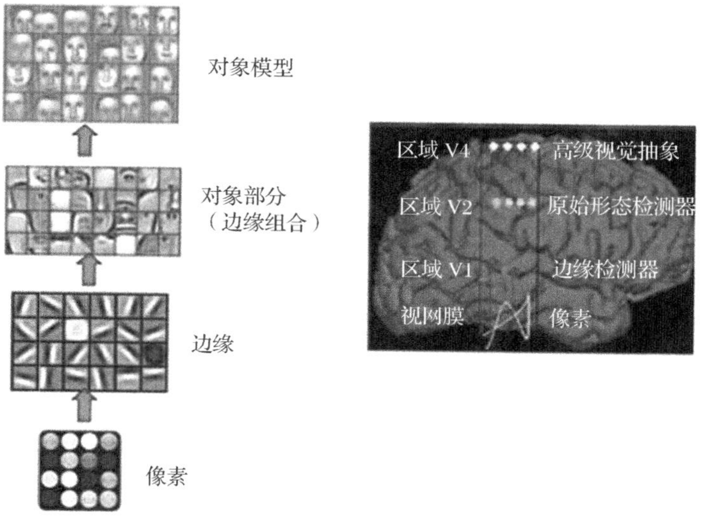

图 2-8　人脑识别人脸过程图

根据这个原理，可以借鉴人类大脑的层级体系，将中间的隐藏层设为每一层输出作为下一层输入的多层次结构，得到可以从目标中自发提取特征表示的深度神经网络模型。在深度网络模型中，需要输入大量已标注的数据进行反复训练，高层对底层的特征逐层进行抽象，可以自下而上地从输入数据中提取到丰富特征。随着计算机性能的提升，更深的网络结构和大规模的训练数据得以实现，模型的表达能力也大大增强。目前，深度学习已经深入自然语言处理、语音识别、图像识别、物体检测等多个研究领域，并取得较好效果。

2.4.2　前向传播算法

神经网络的主要工作是建立模型及确定模型参数。训练时需要输入数据包括其特征向量和标签，输入数据通过神经网络前向传播后，得到输出结果，根据输出结果和对应标签之间的误差进行模型参数的修正。进行多次反复，训练参数根据误差值不断被调整，直到训练次数达到上限或参数的变化极小，模型训练结束。表 2 - 1 所示为神经网络参数。

表 2 - 1　神经网络参数

符号	含义
x_i	输入数据
w_{ih}	输入层第 i 个节点到隐层第 h 个节点之间的权重
α_h	第 h 个隐层神经元的输入
w_{ij}	隐层第 i 个节点到输出层第 j 个节点之间的权重
b_i	隐层第 i 个输出
f	激活函数
β_j	第 j 个输出神经元的输入
y_i	第 i 个输出神经元的输出

假设输入层有 d 个变量，一个隐层，一个输出层，前馈神经网络结构如图 2 - 9 所示。

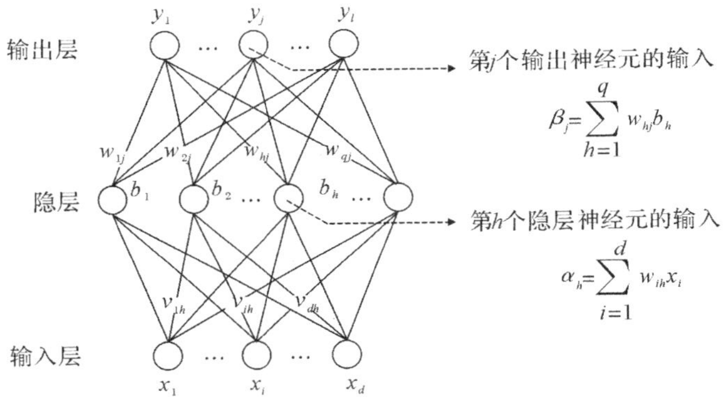

图 2 - 9　前馈神经网络及其变量表示

从输入层到隐层的传播为线性变换，传播按下式进行，第 h 个隐层神经元的输入为

$$\alpha_h = v_{1h}x_1 + v_{2h}x_2 + \cdots + v_{dh}x_d$$

第 h 个隐层神经元的输出为

$$b_h = f(\alpha_h) = f\left(\sum_{h=1}^{q} w_{hj}b_n\right)$$

接下来是隐层到输出层的传播，第 j 个输出神经元的输入为

$$\beta_j = w_{1j}b_1 + w_{2j}b_2 + w_{3j}b_3 + \cdots + w_{qj}b_q$$

则最终神经网络的输出为

$$y_i = f(\beta_i) = f\left(\sum_{h=1}^{q} w_{hj}b_n\right)$$

前向传播过程结束。

2.4.3　误差逆传播算法

神经网络模型训练的目的是找到一组最优的模型参数，使得网络的最终输出值与其标签接近。若想训练出能够解决复杂问题的深层神经网络，则需要其他更新权重的算法，误差

逆传播(Error Back Propagation, BP)是一种最常用的学习算法,主要用于在训练过程中寻找最优权重进而获得最准确输出结果的有效算法。其具体过程如下:① 样本数据输入神经网络后,经前馈计算出所有的激活值,最终得到输出值;② 计算最终输出值与标签 y 间的差值,将所求结果输入输出层,经过一系列反向的传播计算,得到输入层的输出结果;③ 根据误差的取值在反向传播过程中对每个隐层的每个神经元的权重进行修改,以使误差信号趋向最小,直到模型处于收敛状态。假设输入为(x_i, y_i), $i = 1, 2, \cdots, m$,神经网络的输出为 $\hat{\boldsymbol{y}}_k = (\hat{y}_1^k, \hat{y}_2^k, \cdots, \hat{y}_l^k)$,学习率为 η,采用的激活函数为 Sigmoid 函数,损失函数为平方损失函数,网络结构与前向传播算法结构相同。表 2-2 详细介绍了误差逆传播算法的传播过程。

表 2-2 误差逆传播算法

输入:训练集 $D = \{(x_k, y_k)\}_{k=1}^m$,学习率 η
过程: Step 1:在(0,1)范围内初始化网络中的所有权重和偏置; Step 2:根据当前参数,根据式(2-4)~式(2-7)计算当前样本的输出$\hat{\boldsymbol{y}}_k$; Step 3:计算输出神经元的梯度项 g_i, $g_i = -\frac{\partial E_k}{\partial \hat{y}_j^k} \cdot \frac{\partial \hat{y}_j^k}{\partial \beta_j} = \hat{y}_j^k(1-\hat{y}_j^k)(y_j^k - \hat{y}_j^k)$; Step 4:更新权重和偏置 $\Delta w_{hj} = \eta g_j b_n$, $\Delta\theta_j = -\eta g_i$, $\Delta v_{ih} = \eta e_h x_i$, $\Delta\gamma_h = -\eta e_h$; Step 5:重复 Step 2,直到达到停止条件
输出:连接权重和偏置确定的多层前馈神经网络

以上是标准的 BP 传播算法的流程,即每次针对一个训练样例更新连接权和阈值,类似还有累计误差逆传播,网络在读取完整个训练集后才进行权重和阈值的更新,参数更新次数较慢。但当累计误差下降到一定程度时,标准 BP 会取得较好的效果。下面介绍一些常用的激活函数,其中的激活函数主要有以下几种类型。

(1)Sigmoid 函数。Sigmoid 函数目前使用的已经不多,因为其饱和时梯度值非常小,当 x 趋于无穷时,其梯度值非常小,近似为 0,而此时网络的学习就会停止,权重无法更新。另外,输出值不是关于原点对称的,这样若输入数据均为正,则权重的值在反向传播过程后输出均值不为 0。但其求导形式较为简单,$x = f(x)[1-f(x)]$, $f'(x) = f(x)[1-f(x)]$, $f(x)$ 表达式为

$$f(x) = \frac{1}{1+\mathrm{e}^{-x}}$$

(2)Tanh 函数。与 Sigmoid 函数相比,Tanh 函数的优势是其以 0 为中心,则其输出均值为 0,但依然存在饱和的可能。其表达式为

$$f(x) = \mathrm{Tanh} = \frac{\mathrm{e}^x - \mathrm{e}^{-x}}{\mathrm{e}^x + \mathrm{e}^{-x}}$$

(3)ReLU 函数。ReLU 函数是目前使用较多的激活函数。其优点为在利用 BP 算法时,按照其梯度损失函数值下降速度提升快,求梯度也较为简单;缺点在于当变量的值更新过快时,还未找到最优值,已经进入小于 0 的阶段,此时,梯度为 0,权重和阈值不再进行迭代,未能达到训练效果。其表达式为

$$f(x)=\max(0,x)$$

(4)Leaky ReLU 函数。Leaky ReLU 函数是对 ReLU 函数的改进，当 x 小于 0 时，其梯度依然存在，但 α 一般设为较小的值，这样可以修正数据的分布。其表达式为

$$f(x)=\begin{cases}\alpha x, & x<0\\ x, & x\geqslant 0\end{cases}$$

在实际神经网络模型构建时，一般选取 ReLu 函数，也可以多尝试其他函数，根据训练结果修改。图 2-10 为四种激活函数图像。

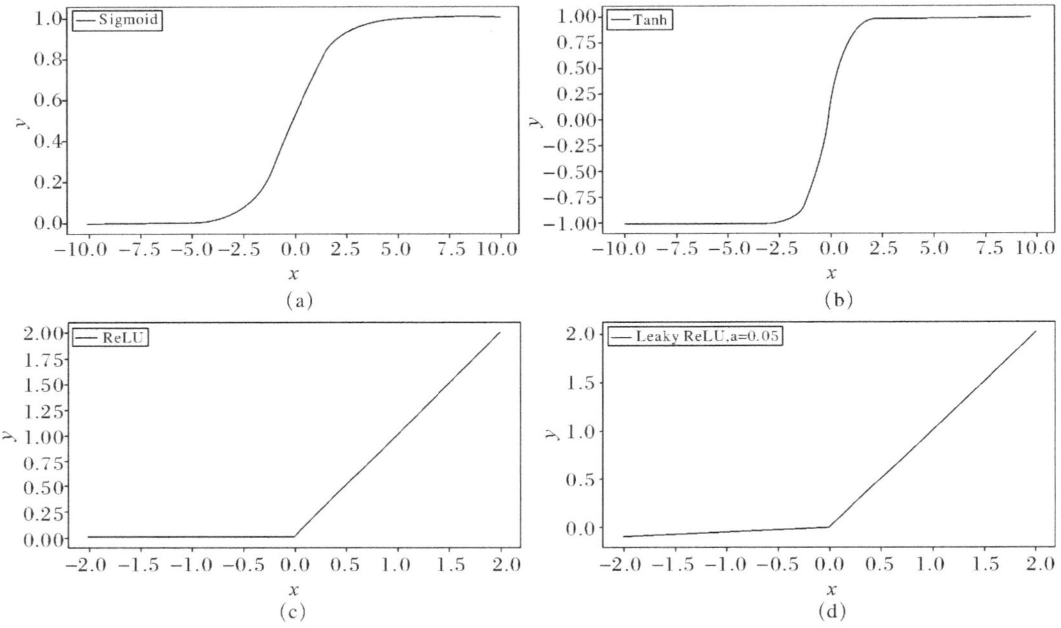

图 2-10　四种激活函数图像

(a)Sigmoid 函数；(b)Tanh 函数；(c)ReLU 函数；(d)Leaky ReLU 函数

2.5　卡尔曼滤波基本理论

2.5.1　随机系统状态空间模型

对于目标状态估计问题，可以建立状态空间模型如下：

$$\left.\begin{aligned}\boldsymbol{X}_k&=\boldsymbol{\Phi}_{k/k-1}\boldsymbol{X}_{k-1}+\boldsymbol{\Gamma}_{k/k-1}\boldsymbol{W}_{k-1}\\ \boldsymbol{Z}_k&=\boldsymbol{H}_k\boldsymbol{X}_k+\boldsymbol{V}_k\end{aligned}\right\}\tag{2-28}$$

式中：$\boldsymbol{X}_k$ 是 n 维的状态向量，包括目标位置 x_{T}、y_{T}、z_{T}，速度 v_x、v_y、v_z，以及加速度 a_x、a_y、a_z；$\boldsymbol{Z}_k$ 是 m 维的量测向量，包括目标位置 x_{T}、y_{T} 和 z_{T}；$\boldsymbol{\Phi}_{k/k-1}$、$\boldsymbol{\Gamma}_{k/k-1}$ 和 $\boldsymbol{H}_k$ 是已知的状态矩阵，分别称为 n 阶的状态一步转移矩阵、$n\times l$ 阶的系统噪声分配矩阵、$m\times n$ 阶的量测矩阵，将 $\boldsymbol{\Gamma}_{k/k-1}$ 简记为 $\boldsymbol{\Gamma}_{k-1}$；$\boldsymbol{W}_{k-1}$ 是 l 维的系统噪声向量，$\boldsymbol{V}_k$ 是 m 维的量测噪声向量，两者都是零均值的高

斯白噪声向量序列(服从正态分布),且它们之间互不相关,即满足:

$$\left.\begin{aligned} &E[\boldsymbol{W}_k]=\boldsymbol{0}, \quad E[\boldsymbol{W}_k\boldsymbol{W}_j^{\mathrm{T}}]=\boldsymbol{Q}_k\delta_{kj} \\ &E[\boldsymbol{V}_k]=\boldsymbol{0}, \quad E[\boldsymbol{V}_k\boldsymbol{V}_j^{\mathrm{T}}]=\boldsymbol{R}_k\delta_{kj} \\ &E[\boldsymbol{W}_k V_j^{\mathrm{T}}]=\boldsymbol{0} \end{aligned}\right\} \tag{2-29}$$

式(2-29)是卡尔曼滤波状态空间模型中对于噪声要求的基本假设,一般要求 $\boldsymbol{Q}_k$ 是非负定的且 $\boldsymbol{R}_k$ 是正定的,即 $\boldsymbol{Q}_k\geqslant\boldsymbol{0}$ 且 $\boldsymbol{R}_k>\boldsymbol{0}$。显然,如果 $\boldsymbol{Q}_k$ 不可逆,则总可以通过重新构造合适的噪声 $\boldsymbol{W}'_{k-1}$ 及噪声分配阵 $\boldsymbol{\Gamma}'_{k-1}$,使得 $\boldsymbol{\Gamma}'_{k-1}\boldsymbol{W}'_{k-1}=\boldsymbol{\Gamma}_{k-1}\boldsymbol{W}_{k-1}$ 和 $E[\boldsymbol{W}'_k(\boldsymbol{W}'_j)^{\mathrm{T}}]=\boldsymbol{Q}'_k\delta_{kj}$,并保证 $\boldsymbol{Q}'_k$ 是正定的。

由于状态向量在直角坐标系中选取,且状态方程在直角坐标系表达,因此状态方程是状态向量的线性函数,状态转移矩阵 $\boldsymbol{\Phi}_k$ 和 $\boldsymbol{\Gamma}_{k-1}$ 可分别表示为

$$\boldsymbol{\Phi}_k=\begin{bmatrix} 1 & T & T^2/2 & 0 & 0 & 0 & 0 & 0 & 0 \\ 0 & 1 & T & 0 & 0 & 0 & 0 & 0 & 0 \\ 0 & 0 & 1 & 0 & 0 & 0 & 0 & 0 & 0 \\ 0 & 0 & 0 & 1 & T & T^2/2 & 0 & 0 & 0 \\ 0 & 0 & 0 & 0 & 1 & T & 0 & 0 & 0 \\ 0 & 0 & 0 & 0 & 0 & 1 & 0 & 0 & 0 \\ 0 & 0 & 0 & 0 & 0 & 0 & 1 & T & T^2/2 \\ 0 & 0 & 0 & 0 & 0 & 0 & 0 & 1 & T \\ 0 & 0 & 0 & 0 & 0 & 0 & 0 & 0 & 1 \end{bmatrix} \tag{2-30}$$

$$\boldsymbol{\Gamma}_{k-1}=\begin{bmatrix} T^2/2 & 0 & 0 \\ T & 0 & 0 \\ 1 & 0 & 0 \\ 0 & T^2/2 & 0 \\ 0 & T & 0 \\ 0 & 1 & 0 \\ 0 & 0 & T^2/2 \\ 0 & 0 & T \\ 0 & 0 & 1 \end{bmatrix} \tag{2-31}$$

2.5.2 滤波方程的推导

记 $k-1$ 时刻(前一时刻)的状态最优估计为 $\hat{\boldsymbol{X}}_{k-1}$,状态估计误差为 $\tilde{\boldsymbol{X}}_{k-1}$,状态估计的均方误差阵为 $\boldsymbol{P}_{k-1}$,即有

$$\tilde{\boldsymbol{X}}_{k-1}=\boldsymbol{X}_{k-1}-\hat{\boldsymbol{X}}_{k-1} \tag{2-32}$$

$$\boldsymbol{P}_{k-1}=E[\tilde{\boldsymbol{X}}_{k-1}\tilde{\boldsymbol{X}}_{k-1}^{\mathrm{T}}]=E[(\boldsymbol{X}_{k-1}-\hat{\boldsymbol{X}}_{k-1})(\boldsymbol{X}_{k-1}-\hat{\boldsymbol{X}}_{k-1})^{\mathrm{T}}] \tag{2-33}$$

假设已知前一时刻的状态估计 $\hat{\boldsymbol{X}}_{k-1}$ 及其均方误差阵 $\boldsymbol{P}_{k-1}$。根据 $\hat{\boldsymbol{X}}_{k-1}$ 和系统的状态方程可对 k 时刻(当前时刻)的状态 $\boldsymbol{X}_k$ 作最优估计(习惯上称为最优一步预测),结果为

$$\tilde{\boldsymbol{X}}_{k/k-1}=E[\boldsymbol{\Phi}_{k/k-1}\hat{\boldsymbol{X}}_{k-1}+\boldsymbol{\Gamma}_{k-1}\boldsymbol{W}_{k-1}]=\boldsymbol{\Phi}_{k/k-1}\hat{\boldsymbol{X}}_{k-1} \tag{2-34}$$

可见,系统方程中的零均值白噪声 $\boldsymbol{W}_{k-1}$ 对预测不会有任何贡献。

记状态一步预测误差为

$$\tilde{\boldsymbol{X}}_{k/k-1}=\boldsymbol{X}_k-\hat{\boldsymbol{X}}_{k/k-1} \tag{2-35}$$

将式(2-28)中的状态方程及式(2-34)代入式(2-35),得

$$\begin{aligned}\tilde{\boldsymbol{X}}_{k/k-1}=&(\boldsymbol{\Phi}_{k/k-1}\boldsymbol{X}_{k-1}+\boldsymbol{\Gamma}_{k-1}\boldsymbol{W}_{k-1})-\boldsymbol{\Phi}_{k/k-1}\hat{\boldsymbol{X}}_{k-1}=\\&\boldsymbol{\Phi}_{k/k-1}(\boldsymbol{X}_{k-1}\hat{\boldsymbol{X}}_{k-1})+\boldsymbol{\Gamma}_{k-1}\boldsymbol{W}_{k-1}=\boldsymbol{\Phi}_{k/k-1}\hat{\boldsymbol{X}}_{k-1}+\boldsymbol{\Gamma}_{k-1}\boldsymbol{W}_{k-1}\end{aligned} \tag{2-36}$$

从状态方程时序上可以看出,$k-1$ 时刻的噪声 $\boldsymbol{W}_{k-1}$ 只影响 k 时刻及其之后的状态,即 $\boldsymbol{W}_{k-1}$ 与 k 时刻之前的系统状态 $\boldsymbol{X}_i(i\leqslant k-1)$ 不相关;再者 $\boldsymbol{W}_{k-1}$ 与 $\hat{\boldsymbol{X}}$ 不相关,或者说估计 $\hat{\boldsymbol{X}}_{k-1}$ 没有用到 $\boldsymbol{W}_{k-1}$ 的任何信息。因此,在式(2-36)中 $\tilde{\boldsymbol{X}}_{k-1}=\boldsymbol{X}_{k-1}-\hat{\boldsymbol{X}}_{k-1}$ 与 $\boldsymbol{W}_{k-1}$ 不相关,即有 $E[\tilde{\boldsymbol{X}}_{k-1}\boldsymbol{W}_{k-1}^{\mathrm{T}}]=\mathbf{0}$ 和 $E[\boldsymbol{W}_{k-1}\tilde{\boldsymbol{X}}_{k-1}^{\mathrm{T}}]=\mathbf{0}$。由式(2-36)得状态一步预测均方误差阵

$$\begin{aligned}\boldsymbol{P}_{k/k-1}=&E[\tilde{\boldsymbol{X}}_{k/k-1}\tilde{\boldsymbol{X}}_{k/k-1}^{\mathrm{T}}]=\\&E[(\boldsymbol{\Phi}_{k/k-1}\tilde{\boldsymbol{X}}_{k-1}+\boldsymbol{\Gamma}_{k-1}\boldsymbol{W}_{k-1})(\boldsymbol{\Phi}_{k/k-1}\tilde{\boldsymbol{X}}_{k-1}+\boldsymbol{\Gamma}_{k-1}\boldsymbol{W}_{k-1})^{\mathrm{T}}]=\\&\boldsymbol{\Phi}_{k/k-1}E[\tilde{\boldsymbol{X}}_{k-1}\tilde{\boldsymbol{X}}_{k-1}^{\mathrm{T}}]\boldsymbol{\Phi}_{k/k-1}^{\mathrm{T}}+\boldsymbol{\Gamma}_{k-1}E[W_{k-1}\boldsymbol{W}_{k-1}^{\mathrm{T}}]\boldsymbol{\Gamma}_{k-1}^{\mathrm{T}}=\\&\boldsymbol{\Phi}_{k/k-1}\boldsymbol{P}_{k-1}\boldsymbol{\Phi}_{k/k-1}^{T}+\boldsymbol{\Gamma}_{k-1}\boldsymbol{Q}_{k-1}\boldsymbol{\Gamma}_{k-1}^{\mathrm{T}}\end{aligned} \tag{2-37}$$

同理,通过状态一步预测 $\hat{\boldsymbol{X}}_{k/k-1}$ 和系统的量测方程可对 k 时刻的量测作一步预测:

$$\hat{\boldsymbol{Z}}_{k/k-1}=E[\boldsymbol{H}_k\hat{\boldsymbol{X}}_{k/k-1}+\boldsymbol{V}_k]=\boldsymbol{H}_k\hat{\boldsymbol{X}}_{k/k-1} \tag{2-38}$$

但是,在 k 时刻真实的量测 $\boldsymbol{Z}_k$ 到来时,它与量测一步预测 $\hat{\boldsymbol{Z}}_{k/k-1}$ 之间很可能存在差别,此即量测一步预测误差,记为

$$\hat{\boldsymbol{Z}}_{k/k-1}=\boldsymbol{Z}_k-\hat{\boldsymbol{Z}}_{k/k-1} \tag{2-39}$$

将系统式(2-39)中的量测方程及式(2-37)代入式(2-39),得

$$\tilde{\boldsymbol{Z}}_{k/k-1}=(\boldsymbol{H}_k\boldsymbol{X}_k+\boldsymbol{V}_k)-\boldsymbol{H}_k\hat{\boldsymbol{X}}_{k/k-1}=\boldsymbol{H}_k\tilde{\boldsymbol{X}}_{k/k-1}+\boldsymbol{V}_k \tag{2-40}$$

同样,根据时序先后关系易知 $\boldsymbol{V}_k$ 与 $\tilde{\boldsymbol{X}}_{k/k-1}$ 不相关,即有 $E[\tilde{\boldsymbol{X}}_{k/k-1}\boldsymbol{V}_k^{\mathrm{T}}]=\mathbf{0}$。记量测一步预测均方误差阵 $\boldsymbol{P}_{ZZ,k/k-1}$、状态一步预测与量测一步预测之间的协均方误差阵 $\boldsymbol{P}_{XZ,k/k-1}$,则有

$$\begin{aligned}\boldsymbol{P}_{ZZ,k/k-1}=&E[\tilde{\boldsymbol{Z}}_{k/k-1}\tilde{\boldsymbol{Z}}_{k/k-1}^{\mathrm{T}}]=E[(\boldsymbol{H}_k\tilde{\boldsymbol{X}}_{k/k-1}+\boldsymbol{V}_k)(\boldsymbol{H}_k\tilde{\boldsymbol{X}}_{k/k-1}+\boldsymbol{V}_k)^{\mathrm{T}}]=\\&\boldsymbol{H}_kE[\tilde{\boldsymbol{X}}_{k/k-1}\tilde{\boldsymbol{X}}_{k/k-1}^{\mathrm{T}}]\boldsymbol{H}_k^{\mathrm{T}}+\mathrm{E}[\boldsymbol{V}_k\boldsymbol{V}_k^{\mathrm{T}}]=\boldsymbol{H}_k\boldsymbol{P}_{k/k-1}\boldsymbol{H}_k^{\mathrm{T}}+\boldsymbol{R}_k\end{aligned} \tag{2-41}$$

$$\boldsymbol{P}_{XZ,k/k-1}=E[\tilde{\boldsymbol{X}}_{k/k-1}\tilde{\boldsymbol{Z}}_{k/k-1}^{\mathrm{T}}]=E[\tilde{\boldsymbol{X}}_{k/k-1}(\boldsymbol{H}_k\tilde{\boldsymbol{X}}_{k/k-1}+\boldsymbol{V}_k)\boldsymbol{T}]=\boldsymbol{P}_{k/k-1}\boldsymbol{H}_k^{\mathrm{T}} \tag{2-42}$$

如果仅仅使用系统状态方程的状态一步预测 $\hat{\boldsymbol{X}}_{k/k-1}$ 去估计 $\boldsymbol{X}_k$,没有用到量测方程的任何信息,会导致估计精度不高。此外,从式(2-40)可以发现,在使用系统量测方程计算的量测一步预测误差 $\tilde{\boldsymbol{Z}}_{k/k-1}$ 中也包含状态一步预测 $\hat{\boldsymbol{X}}_{k/k-1}$ 的信息。可见,上述两种渠道中都含有状态信息,一种很自然的想法是综合考虑状态方程和量测方程的影响,利用 $\tilde{\boldsymbol{Z}}_{k/k-1}$ 修正 $\hat{\boldsymbol{X}}_{k/k-1}$

之后，再作为 $\boldsymbol{X}_k$ 的估计，有助于提高状态估计精度，因而可令 $\boldsymbol{X}_k$ 的最优估计为

$$\hat{\boldsymbol{X}}_k = \hat{\boldsymbol{X}}_{k/k-1} + \boldsymbol{K}_k\widetilde{\boldsymbol{Z}}_{k/k-1} \tag{2-43}$$

式中：$\boldsymbol{K}_k$ 为待定的修正系数矩阵。式(2-43)的含义正体现了估计值 $\hat{\boldsymbol{X}}_k$ 综合利用了状态预测 $\hat{\boldsymbol{X}}_{k/k-1}$ 与量测预测误差 $\widetilde{\boldsymbol{Z}}_{k/k-1}$ 的信息。

将式(2-39)代入式(2-43)，整理并考虑到式(2-34)，可得

$$\begin{aligned}\hat{\boldsymbol{X}}_k &= \hat{\boldsymbol{X}}_{k/k-1} + \boldsymbol{K}_k(\boldsymbol{Z}_k - \boldsymbol{H}_k\hat{\boldsymbol{X}}_{k/k-1}) = (\boldsymbol{I} - \boldsymbol{K}_k\boldsymbol{H}_k)\hat{\boldsymbol{X}}_{k/k-1} + \boldsymbol{K}_k\boldsymbol{Z}_k = \\ &(\boldsymbol{I} - \boldsymbol{K}_k\boldsymbol{H}_k)\boldsymbol{\Phi}_{k/k-1}\hat{\boldsymbol{X}}_{k-1} + \boldsymbol{K}_k\boldsymbol{Z}_k\end{aligned} \tag{2-44}$$

式(2-44)显示，当前状态估计 $\hat{\boldsymbol{X}}_k$ 是前一时刻状态估计 $\hat{\boldsymbol{X}}_{k-1}$ 和当前量测 $\boldsymbol{Z}_k$ 的线性组合(加权估计)，且从该式的构造方式上看，它综合考虑了状态方程结构参数 $\boldsymbol{\Phi}_{k/k-1}$ 和量测方程结构参数 x 的影响。事实上，利用线性最小方差理论也可以证明，式(2-43)正是最优的状态估计表示形式——"预测＋修正"形式。在卡尔曼滤波理论中，一般将量测预测误差 $\widetilde{\boldsymbol{Z}}_{k/k-1}$ 称为新息，它表示量测预测误差中携带有关于状态估计的新信息；将系数矩阵 $\boldsymbol{K}_k$ 称为滤波增益；将状态预测 $\hat{\boldsymbol{X}}_{k/k-1}$ 和估计 $\hat{\boldsymbol{X}}_k$ 分别称为状态 $\boldsymbol{X}_k$ 的先验估计和后验估计。因此，式(2-43)的直观含义就是利用新息 $\widetilde{\boldsymbol{Z}}_{k/k-1}$ 对先验估计 x 进行修正以得到后验估计 $\hat{\boldsymbol{X}}_k$，后验估计应当比先验估计更加准确。

知道了系统状态估计 $\hat{\boldsymbol{X}}_k$ 的表示形式之后，剩下的主要问题就是如何求取待定系数矩阵 $\boldsymbol{K}_k$ 以使得 $\hat{\boldsymbol{X}}_k$ 的估计误差最小。

记当前 k 时刻的状态估计误差为

$$\widetilde{\boldsymbol{X}}_k = \boldsymbol{X}_k - \hat{\boldsymbol{X}}_k \tag{2-45}$$

将式(2-44)的等号右边代入式(2-45)，整理得

$$\begin{aligned}\hat{\boldsymbol{X}}_k &= \boldsymbol{X}_k - [\hat{\boldsymbol{X}}_{k/k-1} + \boldsymbol{K}_k(\boldsymbol{Z}_k - \boldsymbol{H}_k\hat{\boldsymbol{X}}_{k/k-1})] = \\ &\widetilde{\boldsymbol{X}}_{k/k-1} - \boldsymbol{K}_k(\boldsymbol{H}_k\boldsymbol{X}_k + \boldsymbol{V}_k - \boldsymbol{H}_k\hat{\boldsymbol{X}}_{k/k-1}) = \\ &(\boldsymbol{I} - \boldsymbol{K}_k\boldsymbol{H}_k)\widetilde{\boldsymbol{X}}_{k/k-1} - \boldsymbol{K}_k\boldsymbol{V}_k\end{aligned} \tag{2-46}$$

因此 k 时刻状态估计 $\hat{\boldsymbol{X}}_k$ 的均方误差阵为

$$\begin{aligned}\boldsymbol{P}_k &= E[\widetilde{\boldsymbol{X}}_k\widetilde{\boldsymbol{X}}_k^{\mathrm{T}}] = \\ &E\{[(\boldsymbol{I} - \boldsymbol{K}_k\boldsymbol{H}_k)\widetilde{\boldsymbol{X}}_{k/k-1} - \boldsymbol{K}_k\boldsymbol{V}_k][(\boldsymbol{I} - \boldsymbol{K}_k\boldsymbol{H}_k)\widetilde{\boldsymbol{X}}_{k/k-1} - \boldsymbol{K}_k\boldsymbol{V}_k]^{\mathrm{T}}\} = \\ &(\boldsymbol{I} - \boldsymbol{K}_k\boldsymbol{H}_k)E[\widetilde{\boldsymbol{X}}_{k/k-1}\widetilde{\boldsymbol{X}}_{k/k-1}^{\mathrm{T}}](\boldsymbol{I} - \boldsymbol{K}_k\boldsymbol{H}_k)^{\mathrm{T}} + \boldsymbol{K}_kE[\boldsymbol{V}_k\boldsymbol{V}_k^{\mathrm{T}}]\boldsymbol{K}_k^{\mathrm{T}} = \\ &(\boldsymbol{I} - \boldsymbol{K}_k\boldsymbol{H}_k)\boldsymbol{P}_{k/k-1}(\boldsymbol{I} - \boldsymbol{K}_k\boldsymbol{H}_k)^{\mathrm{T}} + \boldsymbol{K}_k\boldsymbol{R}_k\boldsymbol{K}_k^{\mathrm{T}}\end{aligned} \tag{2-47}$$

估计误差 $\widetilde{\boldsymbol{X}}_k$ 是一随机向量，使其"误差最小"的含义规定为使各分量的均方误差之和最小，即

$$E[(\widetilde{X}_k^{(1)})^2] + E[(\widetilde{X}_k^{(2)})^2] + \cdots + E[(\widetilde{X}_k^{(n)})^2] = \min \tag{2-48}$$

这等价于

$$E[\widetilde{\boldsymbol{X}}_k^{\mathrm{T}}\widetilde{\boldsymbol{X}}_k] = \min \tag{2-49}$$

式中：$\tilde{X}_k^{(i)}$ $(i=1,2,\cdots,n)$ 为$\tilde{\boldsymbol{X}}_k$ 的第 i 分量。显然，式(2-49)与线性最小方差估计的准则式是完全相同的。

若将 $E[\tilde{\boldsymbol{X}}_k\tilde{\boldsymbol{X}}_k^{\mathrm{T}}]$ 展开，可得

$$E[\tilde{\boldsymbol{X}}_k\tilde{\boldsymbol{X}}_k^{\mathrm{T}}]=\begin{bmatrix} E[(\tilde{X}_k^{(1)})^2] & E[\tilde{X}_k^{(1)}\tilde{X}_k^{(2)}] & \cdots & E[\tilde{X}_k^{(1)}\tilde{X}_k^{(n)}] \\ E[\tilde{X}_k^{(2)}\tilde{X}_k^{(1)}] & E[(\tilde{X}_k^{(2)})^2] & \cdots & E[\tilde{X}_k^{(2)}\tilde{X}_k^{(n)}] \\ \vdots & \vdots & & \vdots \\ E[\tilde{X}_k^{(n)}\tilde{X}_k^{(1)}] & E[\tilde{X}_k^{(n)}\tilde{X}_k^{(2)}] & \cdots & \mathrm{E}[(\tilde{X}_k^{(n)})^2] \end{bmatrix} \tag{2-50}$$

可见，式(2-49)亦等价于

$$\mathrm{tr}(\boldsymbol{P}_k)=\mathrm{tr}(E[\tilde{\boldsymbol{X}}_k\tilde{\boldsymbol{X}}_k^{\mathrm{T}}])=\min \tag{2-51}$$

式中：tr(·)表示方阵的求迹运算，其结果为一标量函数。

考虑到均方误差阵 $\boldsymbol{P}_{k/k-1}$ 必定是对称阵，因而式(2-47)可展开为

$$\boldsymbol{P}_k=\boldsymbol{P}_{k/k-1}-\boldsymbol{K}_k\boldsymbol{H}_k\boldsymbol{P}_{k/k-1}-(\boldsymbol{K}_k\boldsymbol{H}_k\boldsymbol{P}_{k/k-1})^{\mathrm{T}}+\boldsymbol{K}_k(\boldsymbol{H}_k\boldsymbol{P}_{k/k-1}\boldsymbol{H}_k^{\mathrm{T}}+\boldsymbol{R}_k)\boldsymbol{K}_k^{\mathrm{T}} \tag{2-52}$$

对式(2-52)两边同时求迹运算，得

$$\begin{aligned}\mathrm{tr}(\boldsymbol{P}_k)=&\ \mathrm{tr}(\boldsymbol{P}_{k/k-1})-\mathrm{tr}(\boldsymbol{K}_k\boldsymbol{H}_k\boldsymbol{P}_{k/k-1})-\\ &\mathrm{tr}((\boldsymbol{K}_k\boldsymbol{H}_k\boldsymbol{P}_{k/k-1})^{\mathrm{T}})+\mathrm{tr}(\boldsymbol{K}_k(\boldsymbol{H}_k\boldsymbol{P}_{k/k-1}\boldsymbol{H}_k^{\mathrm{T}}+\boldsymbol{R}_k)\boldsymbol{K}_k^{\mathrm{T}})\end{aligned} \tag{2-53}$$

式(2-53)是关于待定参数矩阵 $\boldsymbol{K}_k$ 的二次函数，所以 $\mathrm{tr}(\boldsymbol{P}_k)$ 必定存在极值(按概率含义这里应当是极小值)。

为了便于利用求导方法求取式(2-53)的极值，引入方阵的迹对矩阵求导的两个等式，分别为

$$\left.\begin{aligned}&\frac{\mathrm{d}}{\mathrm{d}\boldsymbol{X}}[\mathrm{tr}(\boldsymbol{XB})]=\frac{\mathrm{d}}{\mathrm{d}\boldsymbol{X}}[\mathrm{tr}(\boldsymbol{XB})^{\mathrm{T}})]=\boldsymbol{B}^{\mathrm{T}}\\ &\frac{\mathrm{d}}{\mathrm{d}\boldsymbol{X}}[\mathrm{tr}(\boldsymbol{XAX}^{\mathrm{T}})]=2\boldsymbol{XA}\end{aligned}\right\} \tag{2-54}$$

式中：$\boldsymbol{X}$表示$n\times m$ 阶矩阵变量；$\boldsymbol{A}$、$\boldsymbol{B}$ 分别是m 阶对称方阵和$m\times n$ 阶矩阵，均为常系数矩阵。实际上，只需采用矩阵分量表示法并直接展开即可验证式(2-54)成立。

根据式(2-54)，将式(2-53)两边同时对 $\boldsymbol{K}_k$ 求导，可得

$$\begin{aligned}\frac{\mathrm{d}}{\mathrm{d}\boldsymbol{K}_k}[\mathrm{tr}(\boldsymbol{P}_k)]=&\ \boldsymbol{0}-(\boldsymbol{H}_k\boldsymbol{P}_{k/k-1})^{\mathrm{T}}-(\boldsymbol{H}_k\boldsymbol{P}_{k/k-1})^{\mathrm{T}}+2\boldsymbol{K}_k(\boldsymbol{H}_k\boldsymbol{P}_{k/k-1}\boldsymbol{H}_k^{\mathrm{T}}+\boldsymbol{R}_k)=\\ &2[\boldsymbol{K}_k(\boldsymbol{H}_k\boldsymbol{P}_{k/k-1}\boldsymbol{H}_k^{\mathrm{T}}+\boldsymbol{R}_k)-\boldsymbol{P}_{k/k-1}\boldsymbol{H}_k^{\mathrm{T}}]\end{aligned} \tag{2-55}$$

根据函数极值原理，令式(2-55)右端等于 $\boldsymbol{0}$，可解得

$$\boldsymbol{P}_{k/k-1}\boldsymbol{H}_k^{\mathrm{T}}=\boldsymbol{K}_k(\boldsymbol{H}_k\boldsymbol{P}_{k/k-1}\boldsymbol{H}_k^{\mathrm{T}}+\boldsymbol{R}_k) \tag{2-56}$$

由于 $\boldsymbol{H}_k\boldsymbol{P}_{k/k-1}\boldsymbol{H}_k^{\mathrm{T}}$ 是非负定的且 $\boldsymbol{R}_k$ 是正定的，所以$(\boldsymbol{H}_k\boldsymbol{P}_{k/k-1}\boldsymbol{H}_k^{\mathrm{T}}+\boldsymbol{R}_k)$ 必然是正定可逆的，从式(2-56)可进一步解得

$$\boldsymbol{K}_k=\boldsymbol{P}_{k/k-1}\boldsymbol{H}_k^{\mathrm{T}}(\boldsymbol{H}_k\boldsymbol{P}_{k/k-1}\boldsymbol{H}_k^{\mathrm{T}}+\boldsymbol{R}_k)^{-1} \tag{2-57}$$

这便是满足极值条件式(2-49)的待定系数矩阵 $\boldsymbol{K}_k$ 的取值，此时状态估计误差 $\tilde{\boldsymbol{X}}_k$ 达到最小，或者说 $\hat{\boldsymbol{X}}_k$ 是 $\boldsymbol{X}_k$ 在均方误差指标下的最优估计。

将式(2-56)代入式(2-52)，不难求得 $\boldsymbol{P}_k=(\boldsymbol{I}-\boldsymbol{K}_k\boldsymbol{H}_k)\boldsymbol{P}_{k/k-1}$。至此，获得卡尔曼滤波全套算法，可划分为以下 5 个基本公式：

(1) 状态一步预测：

$$\hat{\boldsymbol{X}}_{k/k-1}=\boldsymbol{\Phi}_{k/k-1}\hat{\boldsymbol{X}}_{k-1} \tag{2-58}$$

(2) 状态一步预测均方误差阵：

$$\boldsymbol{P}_{k/k-1}=\boldsymbol{\Phi}_{k/k-1}\boldsymbol{P}_{k-1}\boldsymbol{\Phi}_{k/k-1}^{\mathrm{T}}+\boldsymbol{\Gamma}_{k-1}\boldsymbol{Q}_{k-1}\boldsymbol{\Gamma}_{k-1}^{\mathrm{T}} \tag{2-59}$$

(3) 滤波增益：

$$\boldsymbol{K}_k=\boldsymbol{P}_{k/k-1}\boldsymbol{H}_k^{\mathrm{T}}(\boldsymbol{H}_k\boldsymbol{P}_{k/k-1}\boldsymbol{H}_k^{\mathrm{T}}+\boldsymbol{R}_k)^{-1}\quad\text{或}\quad\boldsymbol{K}_k=\boldsymbol{P}_{XZ,k/k-1}\boldsymbol{P}_{ZZ,k/k-1}^{-1} \tag{2-60}$$

(4) 状态估计：

$$\hat{\boldsymbol{X}}_k=\hat{\boldsymbol{X}}_{k/k-1}+\boldsymbol{K}_k(\boldsymbol{Z}_k-\boldsymbol{H}_k\hat{\boldsymbol{X}}_{k/k-1}) \tag{2-61}$$

(5) 状态估计均方误差阵：

$$\boldsymbol{P}_k=(\boldsymbol{I}-\boldsymbol{K}_k\boldsymbol{H}_k)\boldsymbol{P}_{k/k-1} \tag{2-62}$$

注意到，在滤波增益计算式(2-60)中涉及矩阵求逆问题，但由于$(\boldsymbol{H}_k\boldsymbol{P}_{k/k-1}\boldsymbol{H}_k^{\mathrm{T}}+\boldsymbol{R}_k)$是对称正定的，对其求逆可采用“变量循环重新编号法”或三角分解法，有利于减少计算量或提高数值稳定性，具体可参见计算方法相关文献，此处不再详述。

特别地，若在状态空间模型式(2-28)中设状态一步转移矩阵$\boldsymbol{\Phi}_{k/k-1}=\boldsymbol{I}$且设状态噪声$\boldsymbol{Q}_{k-1}=\boldsymbol{0}$，则有状态$\boldsymbol{X}_k=\boldsymbol{X}_0$始终为常值；若在卡尔曼滤波式(2-58)～式(2-62)中令$\hat{\boldsymbol{X}}_{k/k-1}=\hat{\boldsymbol{X}}_{k-1}$和$\boldsymbol{P}_{k/k-1}=\boldsymbol{P}_{k-1}$，则卡尔曼滤波与递推最小二乘估计式(2-46)也完全一致。可见，递推最小二乘估计可以看作卡尔曼滤波的一个特例；反过来说，卡尔曼滤波可以看作递推最小二乘估计应用于时变状态过程的推广。

2.5.3　滤波流程框图与滤波初值的选择

卡尔曼滤波过程可用流程框图表示，如图 2-11 ～ 图 2-13 所示。

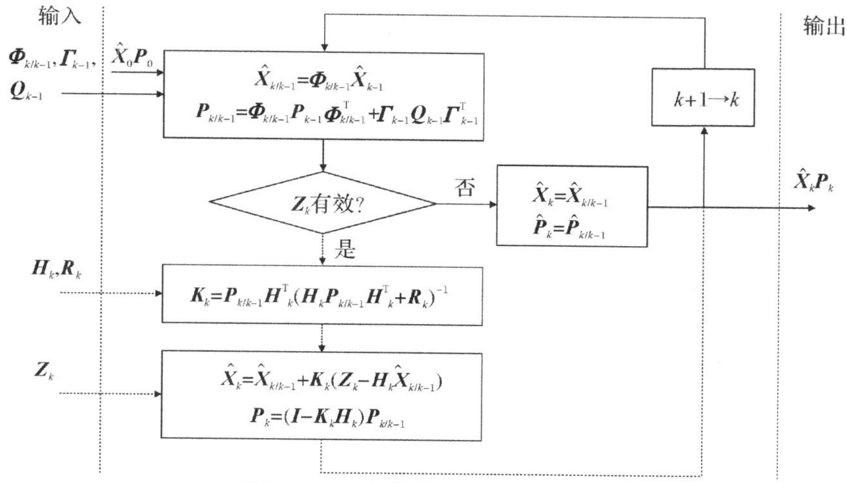

图 2-11　卡尔曼滤波流程框图 1

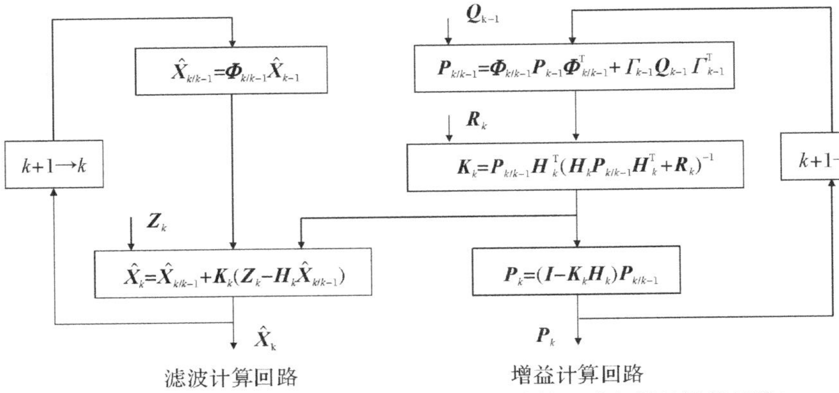

图 2-12　卡尔曼滤波流程框图 2(滤波计算回路与增益计算回路)

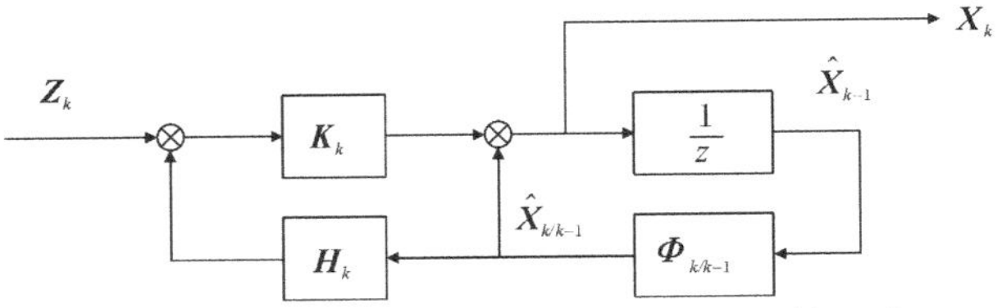

图 2-13　卡尔曼滤波流程框图 3(滤波计算回路)

在图 2-11 中,实线信号流部分称为时间更新,在系统中每一步更新都需要同时执行状态及其均方误差阵预测,即 $\hat{X}_{k/k-1}=\Phi_{k/k-1}\hat{X}_{k-1}$ 和 $P_{k/k-1}=\Phi_{k/k-1}P_{k-1}\Phi^{T}_{k/k-1}+\Gamma_{k-1}Q_{k-1}\Gamma^{T}_{k-1}$,为了提高系统的带宽和计算精度,一般要求较高的滤波时间更新频率,特别在高动态系统中尤为重要。时间更新之后,如果没有量测信息,则量测预测将作为状态的最优估计输出,即 $\hat{X}_k=\hat{X}_{k/k-1}$ 和 $P_k=P_{k/k-1}$,这相当于有量测时的 $R_k\rightarrow\infty$ 及 $K_k=0$。时间更新之后,若有量测信息,则执行量测更新,即计算增益 $K_k=P_{k/k-1}H^{T}_{k}(H_kP_{k/k-1}H^{T}_{k}+R_k)^{-1}$,以及状态估计 $\hat{X}_k=\hat{X}_{k/k-1}+K_k(Z_k-H_k\hat{X}_{k/k-1})$ 和 $P_k=(I-K_kH_k)P_{k/k-1}$,如图中虚线信号流所示,获得状态最优估计,量测更新频率取决于量测传感器的量测频率。理论上,量测频率一般越高越好,但实际中往往小于时间更新的频率。

在图 2-12 中,卡尔曼滤波被明显地划分为两个回路:① 与状态 $\hat{X}_k$ 计算有关的回路,称为滤波计算回路;② 与均方误差阵 P_k 计算有关的回路,称为增益计算回路。如图 2-12 所示,两回路之间的唯一联系是增益矩阵 K_k,且联系是单向的,即滤波计算回路受增益计算回路的影响,而滤波计算回路不对增益计算回路产生任何影响。图 2-13 单独给出了滤波计算回路的框图,更清楚地显示了滤波信号输入输出关系。

量测信息 Z_k 是卡尔曼滤波的最主要输入,但对于时变系统而言,系统结构参数 $\Phi_{k/k-1}$、Γ_{k-1}、H_k 及噪声 Q_{k-1}、R_k 中的全部或部分是时变的,也可视为滤波算法的输入,需实时更新。除了状态估计 $\hat{X}_k$ 外,状态估计均方误差阵 P_k 也是卡尔曼滤波输出的重要组成部分,P_k 对评价状态估计的质量发挥着非常重要的作用。

此外,欲启动卡尔曼滤波器,必须预设初始值 $\hat{X}_0$ 和 P_0。理论上,若取滤波器的状态初值为

$$\hat{X}_0=E[X_0] \tag{2-63}$$

则滤波结果 $\hat{\boldsymbol{X}}_i(i \geqslant 1)$ 都是无偏的，即有 $\hat{\boldsymbol{X}}_i = E[\boldsymbol{X}_i]$，简要说明如下：

将状态空间模型式(2-28)代入状态估计式(2-44)，展开得

$$\begin{aligned}\hat{\boldsymbol{X}}_k &= (\boldsymbol{I}-\boldsymbol{K}_k\boldsymbol{H}_k)\hat{\boldsymbol{X}}_{k/k-1}+\boldsymbol{K}_k\boldsymbol{Z}_k = \\ &(\boldsymbol{I}-\boldsymbol{K}_k\boldsymbol{H}_k)\boldsymbol{\Phi}_{k/k-1}\hat{\boldsymbol{X}}_{k-1}+\boldsymbol{K}_k[\boldsymbol{H}_k(\boldsymbol{\Phi}_{k/k-1}\boldsymbol{X}_{k-1}+\boldsymbol{\Gamma}_{k-1}\boldsymbol{W}_{k-1})+\boldsymbol{V}_k] = \\ &\boldsymbol{\Phi}_{k/k-1}\hat{\boldsymbol{X}}_{k-1}+\boldsymbol{K}_k\boldsymbol{H}_k\boldsymbol{\Phi}_{k/k-1}(\boldsymbol{X}_{k-1}-\hat{\boldsymbol{X}}_{k-1})+\boldsymbol{K}_k(\boldsymbol{H}_k\boldsymbol{\Gamma}_{k-1}\boldsymbol{W}_{k-1}+\boldsymbol{V}_k)\end{aligned} \tag{2-64}$$

式(2-64)两边同时求均值，得

$$E[\hat{\boldsymbol{X}}_k] = \boldsymbol{\Phi}_{k/k-1}E[\hat{\boldsymbol{X}}_{k-1}]+\boldsymbol{K}_k\boldsymbol{H}_k\boldsymbol{\Phi}_{k/k-1}(E[\boldsymbol{X}_{k-1}]-E[\hat{\boldsymbol{X}}_{k-1}]) \tag{2-65}$$

若直接对状态方程两边同时求均值，可得

$$E[\boldsymbol{X}_k] = \boldsymbol{\Phi}_{k/k-1}E[\boldsymbol{X}_{k-1}] \tag{2-66}$$

比较式(2-65)和式(2-66)可知，只要 $E[\hat{\boldsymbol{X}}_{k-1}] = E[\boldsymbol{X}_{k-1}]$，就有 $E[\hat{\boldsymbol{X}}_k] = E[\boldsymbol{X}_k]$，利用数学归纳法不难推知，只要 $\hat{\boldsymbol{X}}_0$ 是无偏的，$\hat{\boldsymbol{X}}_i(i \geqslant 1)$ 就是无偏的。在实际应用中，某一次滤波过程只会是随机过程总体的一个实现样本，况且滤波状态初值的真值往往是未知的，所以一般将滤波状态初值设置为真值附近的某值，有时甚至直接设置为零向量。因此，在理论上卡尔曼滤波的估计结果总是有偏的，但只要滤波系统是渐进稳定的，随着滤波步数的增加，初值的影响将逐渐消失。

至于滤波器初始均方误差阵的设置，如果取

$$\boldsymbol{P}_0 = \mathrm{Var}[\boldsymbol{X}_0] \tag{2-67}$$

则在理论上 $\boldsymbol{P}_i(i \geqslant 1)$ 将准确描述状态估计 $\hat{\boldsymbol{X}}_i$ 的均方误差。实际上，与 $E[\boldsymbol{X}_0]$ 一样，$\mathrm{Var}[\boldsymbol{X}_0]$ 也不可能准确已知，一般将初始均方误差阵 $\boldsymbol{P}_0$ 设置为对角矩阵，各对角线元素的二次方根粗略地反映了相应状态分量初值的不确定度。

实践中，对于可观测性较强的状态分量，对应的状态初值和均方误差阵设置偏差容许适当大些，它们随着滤波更新将会快速收敛，如果均方误差阵设置太小，那么会使收敛速度变慢。而对于可观测性较弱的状态，对应的状态初值和均方误差阵应该设置尽量准确。如果均方误差阵设置过大，容易引起状态估计的剧烈波动；反之，如果均方误差阵设置过小，同样会使状态收敛速度变慢。这两种情况下均方误差阵都不宜用于评估相应状态估计的精度。对于不可观测的状态分量，其状态估计及其均方误差阵不会随滤波更新而变化，即不会有滤波效果。

2.6　本章小结

本章简要介绍了：非线性系统的基本概念、特性、稳定性分析方法；自抗扰控制器基本组成原理；滑模控制的简单概念、设计要求、典型趋近律形式、减少抖振现象的典型方法。这些基本知识都是后续研究的理论基础。

第3章　针对一类不确定非线性系统的自抗扰控制器设计

3.1　问题描述

考虑下面一类 n 阶不确定非线性系统：

$$x^{(n)} = f(\boldsymbol{x},t) + b(\boldsymbol{x})u + d(t) \tag{3-1}$$

式中：u 为控制输入；标量 $x^{(n)}$ 为输出，为 x 关于时间 t 的 n 阶导数，$t \in (0,\infty)$，$\boldsymbol{x} = [x, \dot{x}, \cdots, x^{(n-1)}]^{\mathrm{T}}$ 为系统状态向量；$f(\cdot)$，$b(\cdot)$：$R^n \to R$ 均为非线性函数；$d(t)$ 为外界扰动。对此系统做如下假设：

(1) 系统状态向量 $\boldsymbol{x} = [x, \dot{x}, \cdots, x^{(n-1)}]^{\mathrm{T}}$ 是可观测的。

(2) 控制增益 $b(\boldsymbol{x})$ 未知，但它的不确定性界限是已知的，即 $0 < b_{\min} < b(\boldsymbol{x}) \leqslant b_{\max}$。

(3) 外界扰动 $d(t)$ 未知且有界，$|d(t)| \leqslant D$。

控制任务为使系统状态跟踪参考向量 $\boldsymbol{x}_{\mathrm{d}} = [x_{\mathrm{d}}, \dot{x}_{\mathrm{d}}, \cdots, x_{\mathrm{d}}^{(n-1)}]^{\mathrm{T}}$。

3.2　自抗扰控制器设计

3.2.1　跟踪微分器设计

针对式(3-1)，参考韩京清提出的最速反馈系统[见式(2-16)]设计如下微分跟踪微分器：

$$\left.\begin{aligned} v_1(k+1) &= v_1(k) + hv_2(k) \\ v_2(k+1) &= v_2(k) + h\,\mathrm{fhan}(v_1(k) - x_d(k), v_2(k), r_0, h_0) \end{aligned}\right\} \tag{3-2}$$

式中：r_0、h_0 为函数控制参量；v_1 跟踪期望位置输入 x_{d}；v_2 跟踪期望速度输入 $\dot{x}_{\mathrm{d}}$。最速综合函数 $\mathrm{fhan}(x_1, x_2, r_0, h_0)$ 同式(2-15)所示。微分跟踪器式(3-2)的连续形式可表示为

$$\left.\begin{aligned} \dot{v}_1 &= v_2 \\ \dot{v}_2 &= \mathrm{fhan}(v_1 - x_d, v_2, r_0, h_0) \end{aligned}\right\} \tag{3-3}$$

由于非线性微分跟踪器采用了切换函数，形式复杂。所以为简化控制器形式，设计线性跟踪微分器：

$$\left.\begin{aligned} \dot{v}_1 &= v_2 \\ \dot{v}_2 &= -1.76rv_2 - r^2(v_1 - x_{\mathrm{d}}) \end{aligned}\right\} \tag{3-4}$$

式中：r 越大，v_1 跟踪 x_d 速度越快。可以通过调节 r 的值安排适当的过渡过程。

3.2.2　扩张状态观测器设计

针对系统式(3-1)，参考韩京清提出的非线性 ESO[见式(2-10)]设计如下非线性扩张状态观测器：

$$\left.\begin{aligned}\varepsilon_1 &= z_1 - y\\ \dot{z}_1 &= z_2 - \beta_1\varepsilon_1\\ \dot{z}_2 &= z_3 - \beta_2 \mathrm{fal}(\varepsilon_1, a_2, \delta)\\ &\cdots\cdots\\ \dot{z}_n &= z_{n+1} - \beta_n \mathrm{fal}(\varepsilon_1, a_n, \delta) + b_0 u\\ \dot{z}_{n+1} &= -\beta_{n+1}\mathrm{fal}(\varepsilon_1, a_{n+1}, \delta)\end{aligned}\right\} \tag{3-5}$$

为减少抖振，将 $\mathrm{fal}(\varepsilon, a, \delta)$ 函数中的切换函数用饱和函数替代，形式为

$$\mathrm{fal}(\varepsilon, a, \phi) = \begin{cases}\dfrac{\varepsilon}{\delta^{(1-a)}}, & |\varepsilon| \leqslant \delta\\ \mathrm{sat}(x)\ |\varepsilon|^{a}, & |\varepsilon| > \delta\end{cases} \tag{3-6}$$

饱和函数 $\mathrm{sat}(x)$ 定义为

$$\mathrm{sat}(x/\phi) = \begin{cases}x/\phi, & |x| \leqslant \phi\\ \mathrm{sgn}(x), & |x| > \phi\end{cases} \tag{3-7}$$

为简化参数整定，设计线性扩张状态观测器：

$$\left.\begin{aligned}\varepsilon_1 &= z_1 - y\\ \dot{z}_1 &= z_2 - \beta_1\varepsilon_1\\ \dot{z}_2 &= z_3 - \beta_2\varepsilon_1\\ &\cdots\cdots\\ \dot{z}_n &= z_{n+1} - \beta_n\varepsilon_1 + b_0 u\\ \dot{z}_{n+1} &= -\beta_{n+1}\varepsilon_1\end{aligned}\right\} \tag{3-8}$$

则参数 β_1、β_2、…、β_{n+1} 满足：

$$\lambda(s) = s^{n+1} + \beta_1 s^n + \beta_2 s^{n-1} + \cdots + \beta_n s + \beta_{n+1} = (s + \omega_0)^{n+1} \tag{3-9}$$

此时仅需调节参数 ω_0 即可实现扩张状态观测器的参数整定。

3.2.3　误差反馈控制器设计

定义状态误差：

$$\left.\begin{aligned}e_0 &= \int (x_d - x)\,\mathrm{d}t\\ e_1 &= x_d - x\\ e_2 &= \dot{x}_d - \dot{x}\\ &\cdots\cdots\\ e_n &= x_d^{(n-1)} - x^{(n-1)}\end{aligned}\right\} \tag{3-10}$$

则非线性误差反馈控制器：

$$u_0 = \beta_{01}\mathrm{fal}(e_1, a_1, \delta) + \beta_{02}\mathrm{fal}(e_2, a_2, \delta) + \cdots + \beta_{0n}\mathrm{fal}(e_n, a_n, \delta) \tag{3-11}$$

此时误差反馈律共有 β_{01}、β_{02}、…、β_{0n}、a_1、a_2、…、a_n、δ 共 $(2n+1)$ 个可调节参数，参数整定复杂。因此，设计线性误差反馈控制器

$$u_0 = k_0 e_0 + k_1 e_1 + k_2 e_2 + \cdots + k_n e_n \tag{3-12}$$

大大简化了控制参数的整定。

最终生成控制量：

$$u = (u_0 - z_3)/b_0 \tag{3-13}$$

线性扩张状态观测器[见式(3-8)]和线性控制器[见式(3-12)]组成的闭环系统的正定条件及其证明过程可参考文献[4]。

3.3 仿真算例

考虑如下二阶非线性系统：

$$\ddot{x} = -(1 + 0.25\sin t)x^2 + (1 + 0.2\sin t)u + \sin(2t) \tag{3-14}$$

控制任务是使系统的状态 $x = [x, \dot{x}]^{\mathrm{T}}$ 分别跟踪阶跃信号 $\boldsymbol{x}_{\mathrm{d}} = [1, 0]^{\mathrm{T}}$ 及正弦信号 $\boldsymbol{x}_{\mathrm{d}} = [\sin t, \cos t]^{\mathrm{T}}$，且要求系统稳态跟踪误差满足 $|\tilde{x}| = |x - x_{\mathrm{d}}| \leqslant 0.1$。

由式(3-14)可知：$f(x) = -(1 + 0.25\sin t)x^2$，$b(x) = 1 + 0.2\sin t$，$d(t) = \sin(2t)$ 且系统状态的初始值为 $x(0) = \dot{x}(0) = 0$。显然 $b_{\min} = 0.8$，$b_{\max} = 1.2$，$D = 1$，则取 $b_0 = (b_{\min} + b_{\max})/4 = 0.5$。

跟踪微分器分别采用非线性微分跟踪器[见式(3-3)]及线性微分跟踪器[见式(3-4)]，参数值分别取为 $r_0 = 20$，$h_0 = 0.07$，$r = 40$。

扩张状态观测器分别采用线性 ESO，即

$$\left.\begin{aligned} \varepsilon_1 &= z_1 - y \\ \dot{z}_1 &= z_2 - \beta_1 \varepsilon_1 \\ \dot{z}_2 &= z_3 - \beta_2 \varepsilon_1 + b_0 u \\ \dot{z}_3 &= -\beta_3 \varepsilon_1 \end{aligned}\right\} \tag{3-15}$$

其中，取 $\omega_0 = 5$，$\beta_1 = 3\omega_0$，$\beta_2 = 3{\omega_0}^2$，$\beta_3 = {\omega_0}^3$；及非线性 ESO，即

$$\left.\begin{aligned} \varepsilon_1 &= z_1 - y \\ \dot{z}_1 &= z_2 - \beta_1 \varepsilon_1 \\ \dot{z}_2 &= z_3 - \beta_2 \mathrm{fal}(\varepsilon_1, a_2, \delta_1) + b_0 u \\ \dot{z}_3 &= -\beta_3 \mathrm{fal}(\varepsilon_1, a_3, \delta_1) \end{aligned}\right\} \tag{3-16}$$

其中，取 $\beta_1 = 15$，$\beta_2 = 175$，$\beta_3 = 125$，$\delta_1 = 0.5$，$a_2 = 0.5$，$a_3 = 0.25$。

误差反馈控制器分别采用线性 SEF，即

$$u_0 = k_1 e_1 + k_2 e_2 + k_3 e_0 \tag{3-17}$$

取 $k_0 = 10, k_1 = 70, k_2 = 50$；及非线性 SEF，即

$$u_0 = \beta_{01} fal(e_1, a_1, \delta) + \beta_{02} \mathrm{fal}(e_2, a_2, \delta) \tag{3-18}$$

其中，$\beta_{01} = 20, \beta_{02} = 30, \delta = 0.05, a_1 = 0.5, a_2 = 0.5$。

最终通过式(3-13)得到控制量 u。

将上述不同的线性/非线性 TD、ESO、SEF 自由组合，分别进行仿真，则有下述 12 种情况，见表 3-1。

表 3-1　ADRC 的仿真算例情形

		线性 ESO[见式(3-15)]	非线性 ESO[见式(3-16)]
不采用 TD	线性 SEF[见式(3-17)]	情形 1	情形 7
	非线性 SEF[见式(3-18)]	情形 2	情形 8
采用线性 TD [见式(3-4)]	线性 SEF[见式(3-17)]	情形 3	情形 9
	非线性 SEF[见式(3-18)]	情形 4	情形 10
采用非线性 TD [见式(3-3)]	线性 SEF[见式(3-17)]	情形 5	情形 11
	非线性 SEF[见式(3-18)]	情形 6	情形 12

当系统跟踪阶跃信号 $\boldsymbol{x}_d = [1, 0]^T$ 时，可以用调节时间、控制量变化范围、零阶稳态误差界、一阶稳态误差界来衡量不同情形下 ADRC 的控制性能。不同情形下得到的控制系统性能指标如图 3-1 ～ 图 3-4 所示。

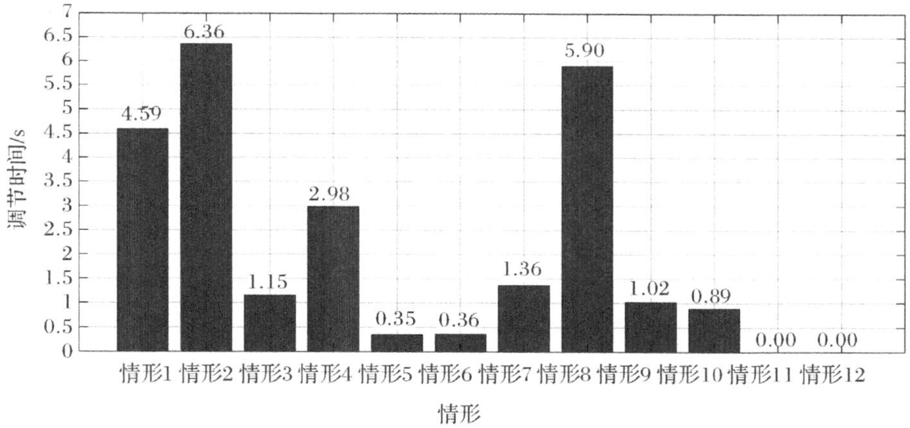

图 3-1　不同情形下 ADRC 仿真调节时间

分析图3-1中各种情形的调节时间：情形1、2、7、8的系统调节时间长，即不采用TD时，系统的调节速度明显较慢；情形 3、4、9、10 的系统调节时间分别比情形 5、6、11、12 的调节时间长，即采用非线性 TD[见式(3-3)]系统调节速度更快；情形 7 ～ 12 的系统调节时间整体比情形 1 ～ 6 的调节时间短，即采用非线性 ESO[见式(3-3)]时，系统的快速性更好。因此，针对系统调节时间，采用非线性 TD[见式(3-3)]及非线性 ESO[见式(3-16)]时控制效果更好。

注:图 3-1 所提到的调节时间指状态 x 与跟踪信号 v_1 的误差第一次进入 0.1 误差带且再不出来的时刻。情形 11、12 的调节时间为 0 是由于非线性 TD 安排了过渡过程,状态 x 从 0 时刻开始就跟踪上了过渡过程 v_1。

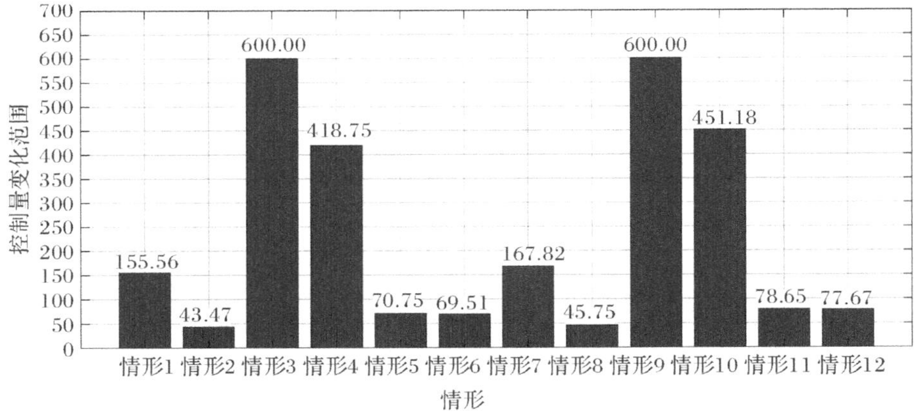

图 3-2　不同情形下 ADRC 仿真控制量变化范围

分析图 3-2 中各种情形的控制量变化范围:分别对比情形 1 ～ 6 和情形 7 ～ 12,控制量范围差异不大,即 ESO 的选取对控制量范围变化无明显影响;情形 3、4、9、10 的控制量范围明显远大于其他情形,即采用线性 TD[见式(3-4)]会使得系统控制量范围过大,会对实际伺服机构产生影响;情形 2、6、8、12 均比情形 1、5、7、11 的控制量范围小,即采用非线性 SEF[见式(3-18)]可以减小控制量变化范围。因此,针对系统控制量变化范围,采用非线性 SEF[见式(3-18)]及非线性 TD[见式(3-3)]时系统控制效果更好。

分析图 3-3 中各种情形下的零阶稳态误差界:情形 1 ～ 6 相比于情形 7 ～ 12,零阶稳态误差界明显更大,即采用非线性 ESO[见式(3-16)]零阶稳态误差界更小;情形 8、12 的零阶稳态误差界最小,即采用非线性 ESO[见式(3-16)]及非线性 SEF[见式(3-18)]时,控制准确性更好。因此,针对系统的零阶稳态误差界,采用非线性 ESO[见式(3-16)]和非线性 SEF[见式(3-18)]时,系统的控制性能更好。

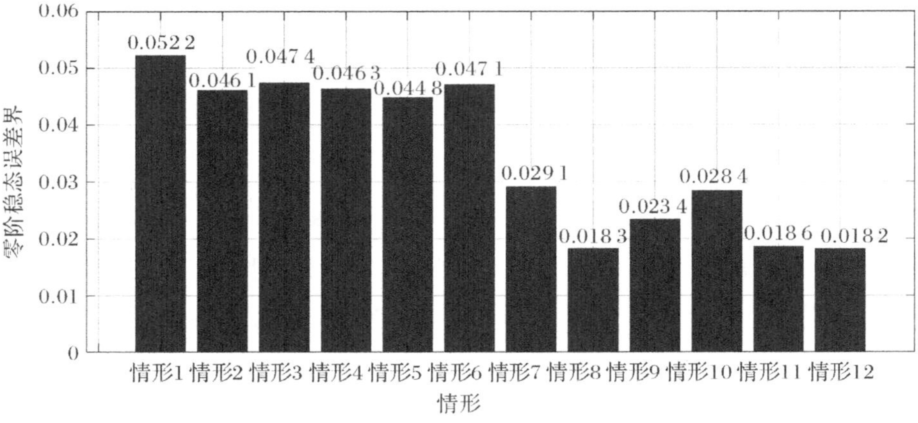

图 3-3　不同情形下 ADRC 仿真零阶稳态误差界

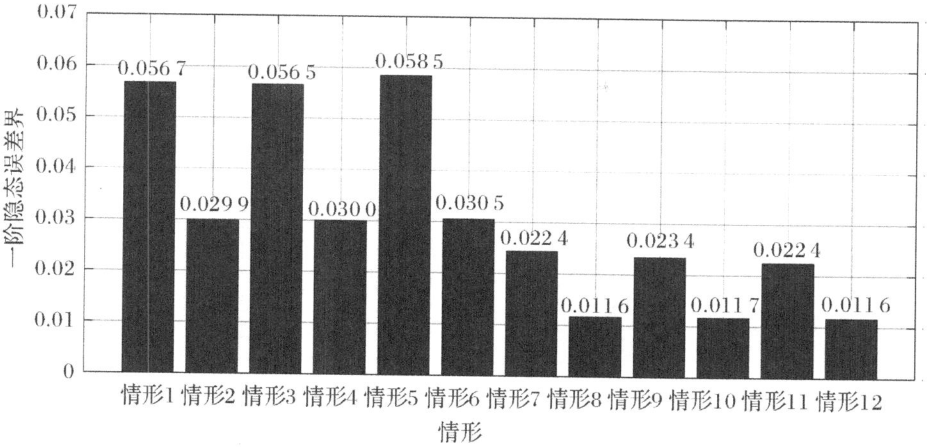

图 3-4　不同情形下 ADRC 仿真一阶稳态误差界

分析图3-4中各种情形的一阶稳态误差界：分别对比情形1、3、5，情形2、4、6，情形7、9、11，情形8、10、12，一阶稳态误差界无明显差异，即TD的选择几乎不影响系统一阶控制精度；情形1～6相比于情形7～12，一阶稳态误差界明显更大，即采用非线性ESO[见式(3-16)]一阶稳态误差界更小；情形8、10、12的一阶稳态误差界均比情形7、9、11的一阶稳态误差界更小，即采用非线性SEF[见式(3-18)]控制的精度更高。因此，针对系统的一阶稳态误差界，采用非线性ESO[见式(3-16)]和非线性SEF[见式(3-18)]时，系统的控制性能更好。

综上所述，根据系统调节时间、控制量范围及稳态误差界等性能指标分析，针对仿真系统[见式(3-14)]，在本仿真条件下，采用非线性TD[见式(3-13)]、非线性ESO[见式(3-16)]、非线性SEF[见式(3-18)]时，即采用情形12时，控制效果最优。图3-5～图3-12为 $\boldsymbol{x}_d = [1,0]^T$ 时，情形12的仿真结果图。

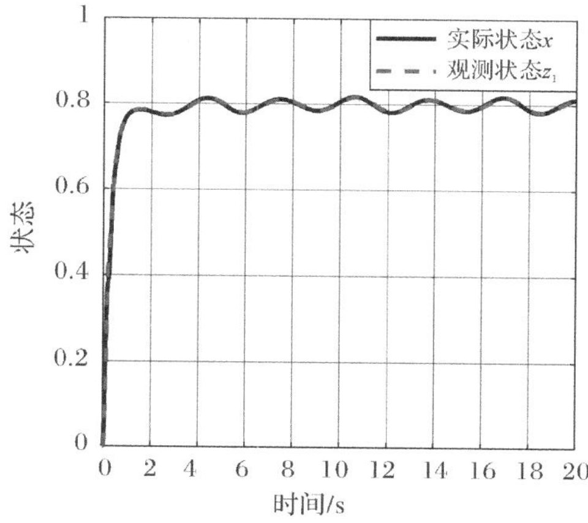

图 3-5　实际状态 x 与观测状态 z_1 的变化曲线

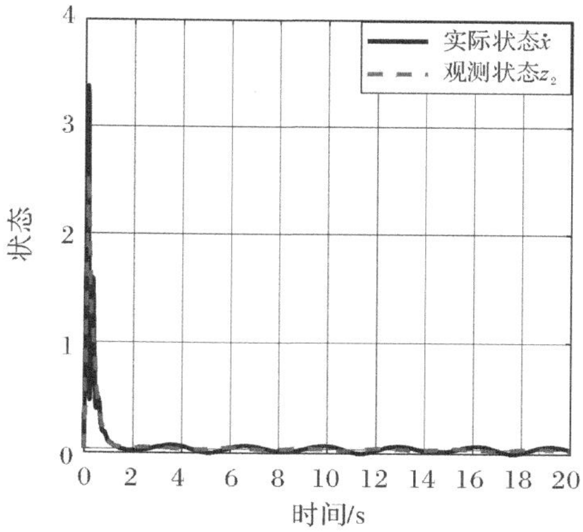

图 3-6　实际状态 $\dot{x}$ 与观测状态 z_2 的变化曲线

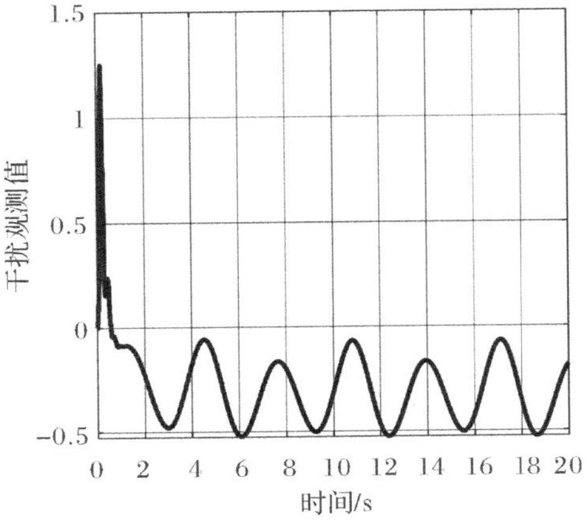

图 3-7　系统干扰曲线

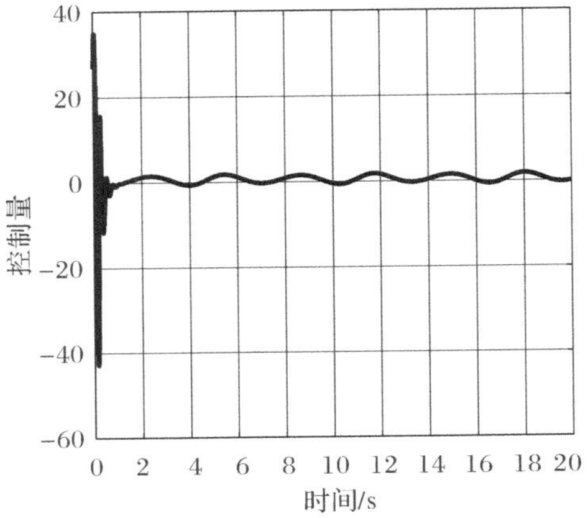

图 3-8　控制量 u 的变化曲线

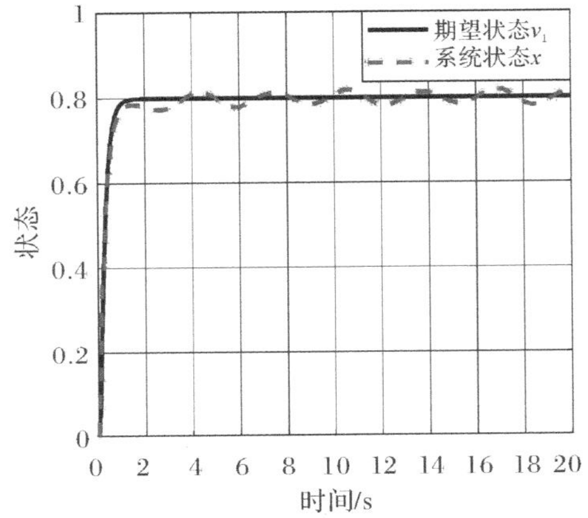

图 3-9　系统状态 x 与期望状态 v_1 的变化曲线

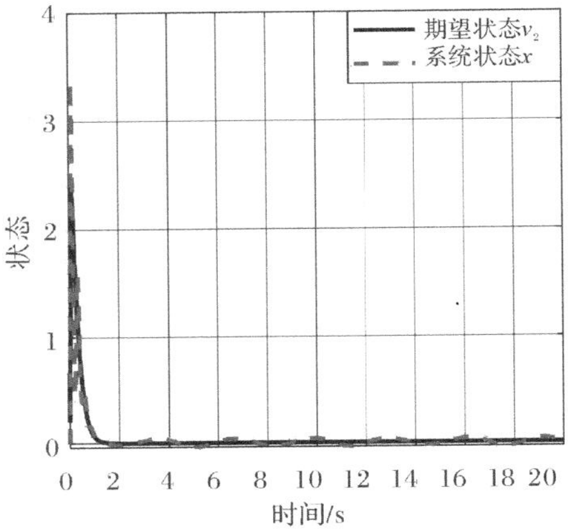

图 3-10　系统状态 $\dot{x}$ 与期望状态 v_2 的变化曲线

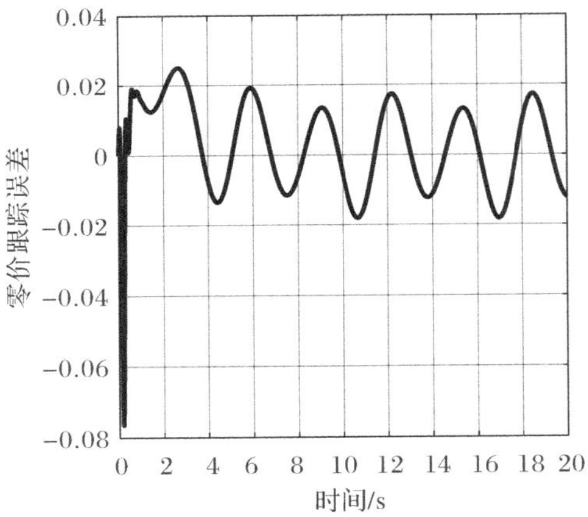

图 3-11　零阶跟踪误差 e 的变化曲线

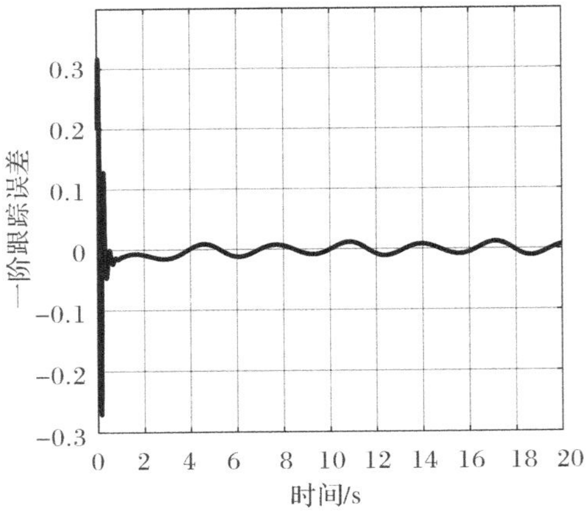

图 3-12　一阶跟踪误差 $\dot{e}$ 的变化曲线

图 3-13 ～ 图 3-20 为 $\boldsymbol{x}_{\mathrm{d}} = [\sin(t), \cos(t)]^{\mathrm{T}}$ 时，情形 12 的仿真结果图。

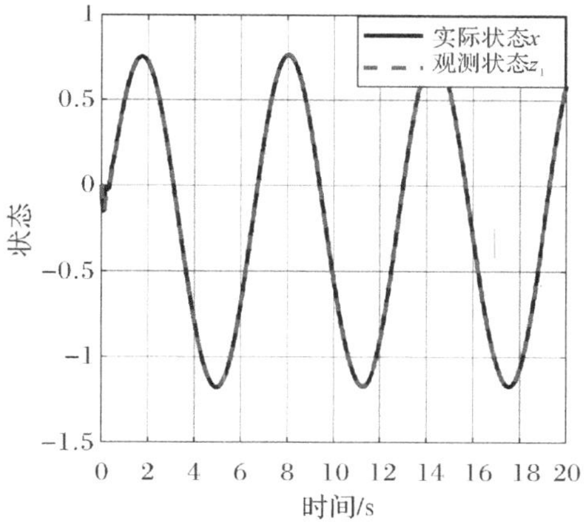

图 3－13　实际状态 x 与观测状态 z_1 的变化曲线

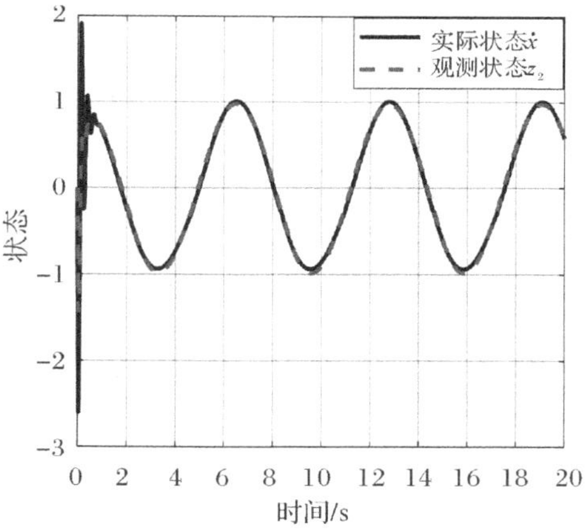

图 3－14　实际状态 $\dot{x}$ 与观测状态 z_2 的变化曲线

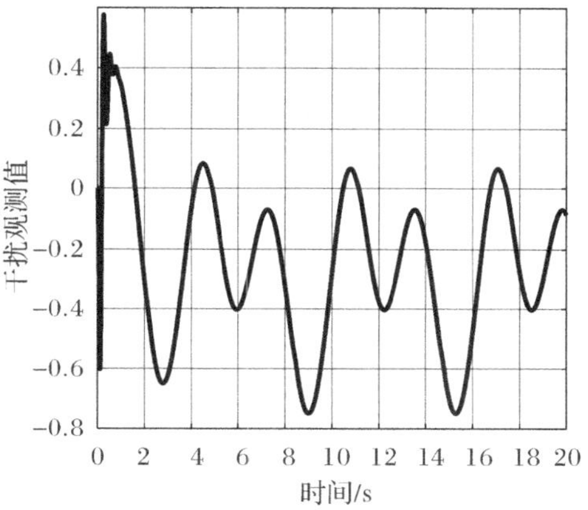

图 3－15　系统干扰曲线

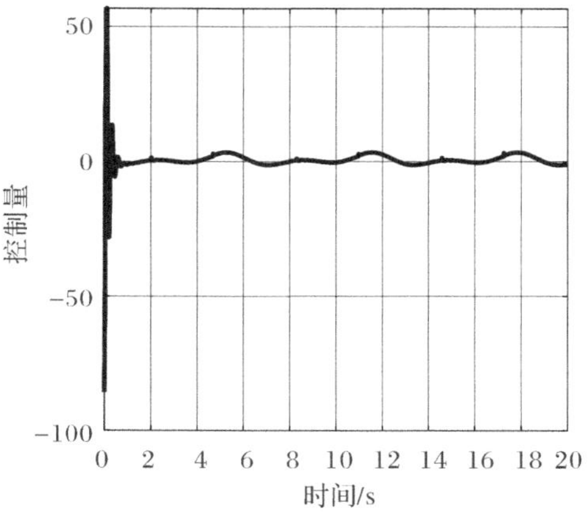

图 3－16　控制量 u 的变化曲线

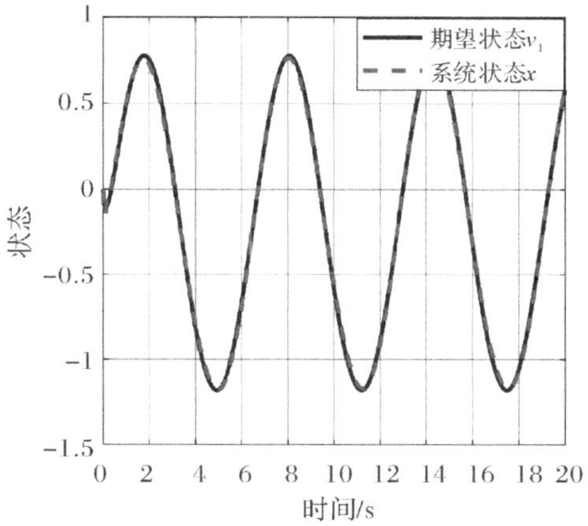

图 3－17　系统状态 x 与期望状态 v_1 的变化曲线

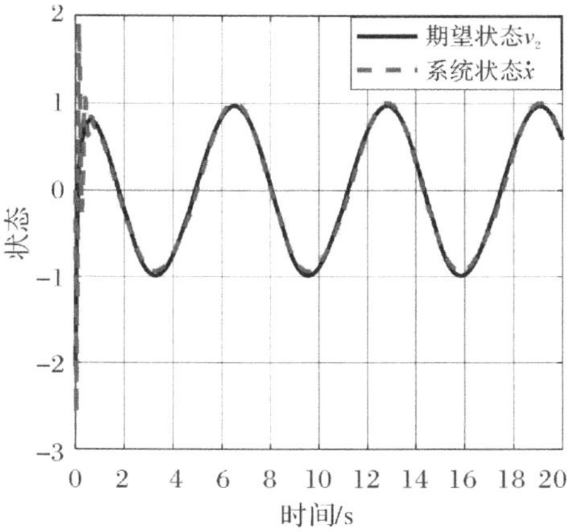

图 3－18　系统状态 $\dot{x}$ 与期望状态 v_2 的变化曲线

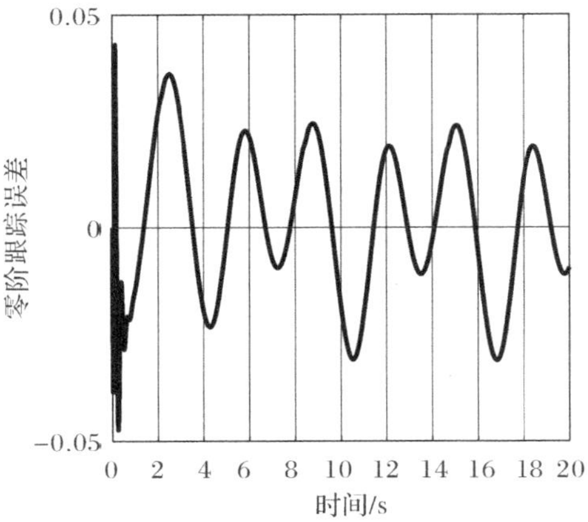

图 3-19　零阶跟踪误差 e 的变化曲线

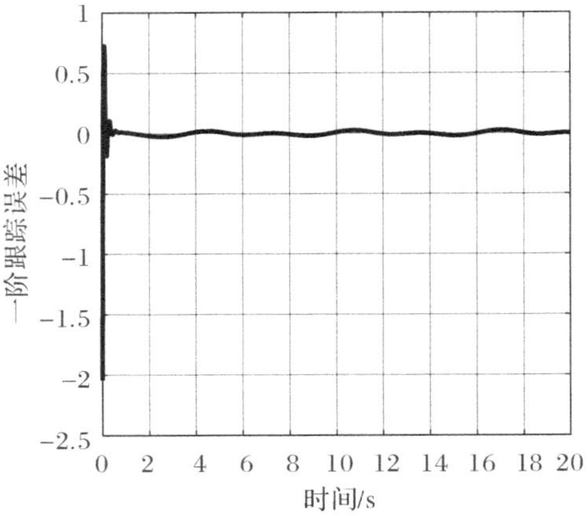

图 3-20　一阶跟踪误差 $\dot{e}$ 的变化曲线

上述仿真性能指标表明，针对二阶非线性系统[见式(3-14)]，采用非线性 TD[见式(3-3)]、非线性 ESO[见式(3-16)]、非线性 SEF[见式(3-18)]组成的自抗扰控制器时，虽然可调参数数量多，参数整定复杂，但控制精度高。观测器基本能够准确观测系统状态 x、$\dot{x}$ 和总扰动，产生合理范围内的控制信号，使系统状态可以有效跟踪系统指令信号，并且使系统具有良好过渡过程品质以及较小的稳态误差。

3.4　本章小结

本章针对一类 n 阶非线性系统分别进行了线性及非线性跟踪微分器、扩张状态观测器、误差反馈控制器设计，并针对一个具体二阶系统进行了仿真分析。系统对阶跃信号的控制性能指标表明，线性 ADRC 虽然参数整定简单，但其控制精度相对较低；非线性 ADRC 控制精度高，控制效果更好，能够使得系统跟踪阶跃信号及正弦信号，并有良好过渡过程品质。

第4章　针对一类不确定非线性系统的自适应滑模控制器设计

4.1　问题描述

考虑下面一类 n 阶不确定非线性系统：

$$x^{(n)} = f(\boldsymbol{x},t) + b(\boldsymbol{x})u + d(t) \tag{4-1}$$

式中：u 为控制输入；标量 $x^{(n)}$ 为输出，为 x 关于时间 t 的 n 阶导数，$t \in (0,\infty)$，$\boldsymbol{x} = [x,\dot{x},\cdots,x^{(n-1)}]^{\mathrm{T}}$ 为系统状态向量；$f(\cdot)$，$b(\cdot)$：$R^n \to R$ 均为非线性函数；$d(t)$ 为外界扰动。对此系统做如下假设：

(1) 系统状态向量 $\boldsymbol{x} = [x,\dot{x},\cdots,x^{(n-1)}]^{\mathrm{T}}$ 是可观测的。

(2) 控制增益 $b(\boldsymbol{x})$ 未知，但它的不确定性界限是已知的，即 $0 < b_{\min} < b(\boldsymbol{x}) \leqslant b_{\max}$。

(3) 外界扰动 $d(t)$ 未知且有界，$|d(t)| \leqslant D$。

控制任务为使系统状态跟踪参考向量 $\boldsymbol{x}_{\mathrm{d}} = [x_{\mathrm{d}},\dot{x}_{\mathrm{d}},\cdots,x_{\mathrm{d}}{}^{(n-1)}]^{\mathrm{T}}$。

4.2　自适应滑模控制器设计

定义状态跟踪误差

$$\left.\begin{aligned}
e_0 &= \int (x_{\mathrm{d}} - x)\,\mathrm{d}t \\
e_1 &= x_{\mathrm{d}} - x \\
e_2 &= \dot{x}_{\mathrm{d}} - \dot{x} \\
&\cdots\cdots \\
e_n &= x_{\mathrm{d}}{}^{(n-1)} - x^{(n-1)}
\end{aligned}\right\} \tag{4-2}$$

$\boldsymbol{e} = [e_1,e_2,\cdots,e_n]^{\mathrm{T}}$ 为跟踪误差向量。

针对 n 阶非线性系统设计滑模面如下：

(1) 传统滑模面。

$$s(\boldsymbol{e}) = c\boldsymbol{e} \tag{4-3}$$

式中：$\boldsymbol{c}=[c_1,c_2,\cdots,c_n]=[c_{n-1}^{n-1}\lambda^{n-1},\cdots,c_{n-1}^{1}\lambda,c_{n-1}^{0}]$，$c_{n-1}^{i}$ 为二项式系数，即

$$c_{n-1}^{i}=\frac{(n-1)!}{(n-i-1)!i!},\quad i=0,1,\cdots,n-1 \tag{4-4}$$

显然，当 $s(\boldsymbol{e})\to\boldsymbol{0}$ 时，$\boldsymbol{e}\to\boldsymbol{0}$，即 $x\to x_d,\dot{x}\to\dot{x}_d,\cdots,x^{(n-1)}\to x_d^{(n-1)}$。

(2) 积分滑模面。

$$s(\boldsymbol{e})=\left(\frac{\mathrm{d}}{\mathrm{d}t}+\lambda\right)^n\int_0^t \boldsymbol{e}\mathrm{d}\tau \tag{4-5}$$

写成向量形式为

$$s(\boldsymbol{e})=c_0e_0+\boldsymbol{ce} \tag{4-6}$$

式中：$c_0=\lambda^n$，$\boldsymbol{c}=[c_1,c_2,\cdots,c_n]=[c_n^n\lambda^{n-1},\cdots,c_n^2\lambda,c_n^1]$，$c_n^i$ 为二项式系数，即

$$c_n^i=\frac{n!}{(n-i)!i!},\ i=0,1,\cdots,n \tag{4-7}$$

显然，当 $s(\boldsymbol{e})\to\boldsymbol{0}$ 时，$\boldsymbol{e}\to\boldsymbol{0}$，$e_0\to 0$，即 $x\to x_d,\dot{x}\to\dot{x}_d,\cdots,x^{(n-1)}\to x_d^{(n-1)}$。

(3) 非线性积分滑模面。

$$\left.\begin{aligned}s(\boldsymbol{e})&=c_0\sigma+\boldsymbol{ce}\\ \dot{\sigma}&=g(e_0)\end{aligned}\right\} \tag{4-8}$$

式中：$c_0=\lambda^n$，$\boldsymbol{c}=[c_1,c_2,\cdots,c_n]=[c_n^n\lambda^{n-1},\cdots,c_n^2\lambda,c_n^1]$，$c_n^i$ 为二项式系数，同式(4-7)。$g(e)$ 类似饱和函数，具有小误差放大，大误差饱和的功能，表达式如下式，β_0 为可调参数。

$$g(e_0)=\begin{cases}\beta_0\sin\dfrac{\pi e_0}{2\beta_0}, & |e_0|<\beta_0\\ \beta_0, & e_0\geqslant\beta_0\\ -\beta_0, & e_0\leqslant-\beta_0\end{cases} \tag{4-9}$$

针对 n 阶非线性系统设计趋近律如下：

(1) 等速趋近律。

$$\dot{s}=-\varepsilon\operatorname{sgn}(s),\quad \varepsilon>0 \tag{4-10}$$

(2) 指数趋近律。

$$\dot{s}=-\varepsilon\operatorname{sgn}(s)-ks,\quad \varepsilon>0,k>0 \tag{4-11}$$

(3) 幂次趋近律。

$$\dot{s}=-k\,|s|^{\alpha}\operatorname{sgn}(s),\quad k>0,\alpha>0 \tag{4-12}$$

(4) 改进型幂次趋近律。

$$\dot{s}=-k_1s-k_2\,|s|^{\alpha}\operatorname{sgn}(s),k_1>0,k_2>0,\quad \alpha>1 \tag{4-13}$$

(5) 双幂次趋近律。

$$\dot{s}=-k_1\,|s|^{\beta}\operatorname{sgn}(s)-k_2\,|s|^{\alpha}\operatorname{sgn}(s),\quad k_1>0,k_2>0,\alpha>1,\beta>1 \tag{4-14}$$

(6) 积分幂次趋近律。

$$\dot{s}=-k_1\,|s|^{\frac{1}{2}}\operatorname{sgn}(s)+\int_0^t -k_2\operatorname{sgn}(s)\mathrm{d}\tau,k_1>0,k_2>0 \tag{4-15}$$

将上述滑模面与趋近律自由组合，共有18种情形，则可设计18种不同控制器 u。18种组合情形见表4-1。

表 4-1　滑模面与趋近律组合情形

	传统滑模面[见式(4-3)]	积分滑模面[见式(4-6)]	非线性积分滑模面[见式(4-8)]
等速趋近律[见式(4-10)]	情形 1-1	情形 2-1	情形 3-1
指数趋近律[见式(4-11)]	情形 1-2	情形 2-2	情形 3-2
幂次趋近律[见式(4-12)]	情形 1-3	情形 2-3	情形 3-3
改进型幂次趋近律[见式(4-13)]	情形 1-4	情形 2-4	情形 3-4
双幂次趋近律[见式(4-14)]	情形 1-5	情形 2-5	情形 3-5
积分幂次趋近律[见式(4-15)]	情形 1-6	情形 2-6	情形 3-6

以情形 1-1 为例，设计控制器 u：

$$u=\frac{1}{b(x)}[\varepsilon\mathrm{sgn}(s)+x_{\mathrm{d}}^{(n)}+P+D\mathrm{sgn}(s)-f(x,t)] \tag{4-16}$$

式中：$P=c_{n-1}^{n-1}\lambda^{n-1}e_2+c_{n-1}^{n-2}\lambda^{n-2}e_3+\cdots+c_{n-1}^{1}\lambda e_1^{(n-1)}$。

定义李雅普诺夫函数

$$V=\frac{1}{2}s^2 \tag{4-17}$$

则

$$\dot{V}=s\dot{s} \tag{4-18}$$

又有

$$\begin{aligned}\dot{s}&=e_1^{(n)}+P=x_{\mathrm{d}}^{(n)}+P-(f(x,t)+b(x)u+d(t))=\\&-\varepsilon\mathrm{sgn}(s)-D\mathrm{sgn}(s)-d(t)\end{aligned} \tag{4-19}$$

所以

$$\begin{aligned}\dot{V}=s\dot{s}&=s[-\varepsilon\mathrm{sgn}(s)-D\mathrm{sgn}(s)-d(t)]=\\&-\varepsilon|s|-D|s|-d(t)s\end{aligned} \tag{4-20}$$

由于在 $s\neq 0$ 时，$V>0$ 且 $\dot{V}<0$，即 $V\dot{V}<0$ 恒成立，由李雅普诺夫稳定性理论知，系统关于 $s=0$ 渐近稳定。

其他情形的控制器设计与稳定性证明类似，不再赘述。

4.3　仿真算例

考虑如下二阶非线性系统：

$$\ddot{x}=-(1+0.25\sin t)x^2+(1+0.2\sin t)u+\sin(2t) \tag{4-21}$$

控制任务是使系统状态 $\boldsymbol{x}=[x,\dot{x}]^{\mathrm{T}}$ 跟踪正弦信号 $\boldsymbol{x}_{\mathrm{d}}=[\sin t,\cos t]^{\mathrm{T}}$，且要求系统的稳态跟踪误差满足 $|\tilde{x}|\leqslant 0.1$。

由式(4-21)可知，$f(x)=-(1+0.25\sin t)x^2$，$b(x)=1+0.2\sin t$，$d(t)=\sin(2t)$ 且系统状态的初始值为 $x(0)=\dot{x}(0)=1$。显然，$b_{\min}=0.8$，$b_{\max}=1.2$，$D=1$。

取 $\lambda=2$，$\varepsilon=3$，$\beta_0=0.05$，$k=3$，$k_1=3$，$k_2=3$，$\alpha=1.5$，$\beta=1.5$。为了减少系统抖振

现象，将所有的符号函数 sgn(s) 用饱和函数 sat(s)[见式(3-7)]替代，且取边界层厚度 $\phi=0.06$。分别应用不同情形的滑模控制器进行仿真，积分初值取 0，控制性能指标如图 4-1～图 4-4 所示。

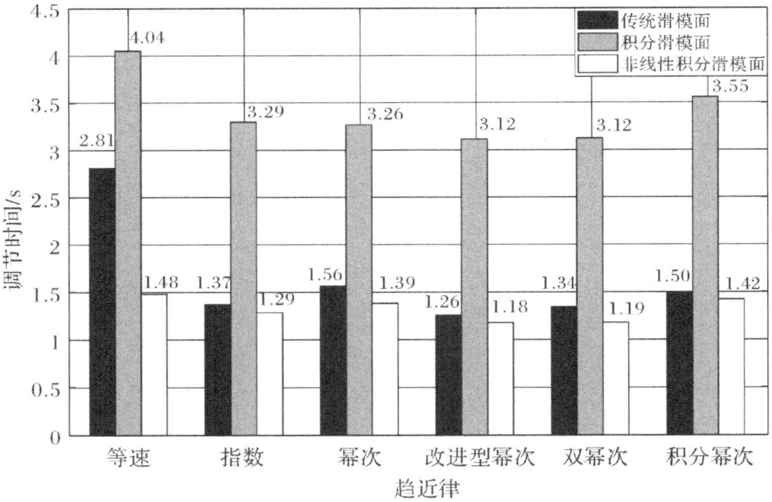

图 4-1　不同滑模控制器仿真调节时间统计图

分析图 4-1 所示不同滑模控制器仿真调节时间：当采用积分滑模面[见式(4-6)]时，系统的调节速度明显较慢，调节时间长；采用传统滑模面[见式(4-3)]和非线性积分滑模面[见式(4-8)]时，系统调节时间短，且采用非线性积分滑模面[见式(4-8)]系统的快速性更优；趋近律的选择对系统的调节速度影响不明显。因此，除情形 1-1 外，分别采用传统滑模面[见式(4-3)]和非线性积分滑模面[见式(4-8)]及 6 种趋近律均能使控制系统具有良好的快速性。

注：本节所述调节时间指误差 e 首次进入 0.05 误差带且再不出来的时刻。

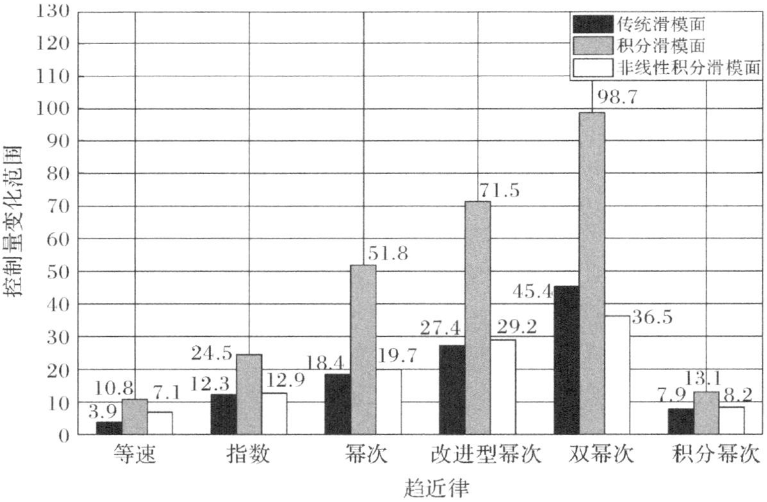

图 4-2　不同滑模控制器仿真控制量变化范围统计图

分析图 4-2 所示不同滑模控制器仿真控制量变化范围：当采用积分滑模面[见式

(4-6)]时，系统控制量变化范围明显更大，对执行机构有更高的要求；采用传统滑模面[见式(4-3)]和非线性积分滑模面[见式(4-8)]时，系统控制量变化范围差异不明显；采用等速趋近律[见式(4-10)]和积分幂次趋近律[见式(4-15)]时，系统控制量变化范围最小，工程实践性及可行性更好。

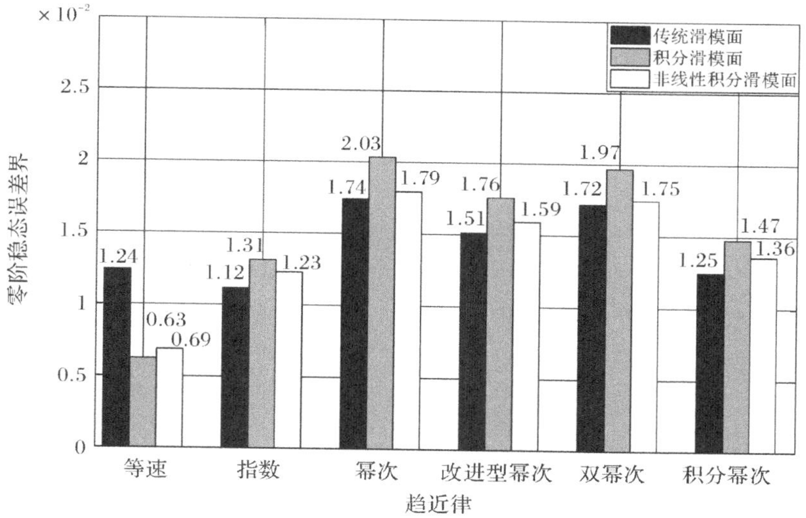

图 4-3　不同滑模控制器仿真零阶稳态误差界统计图

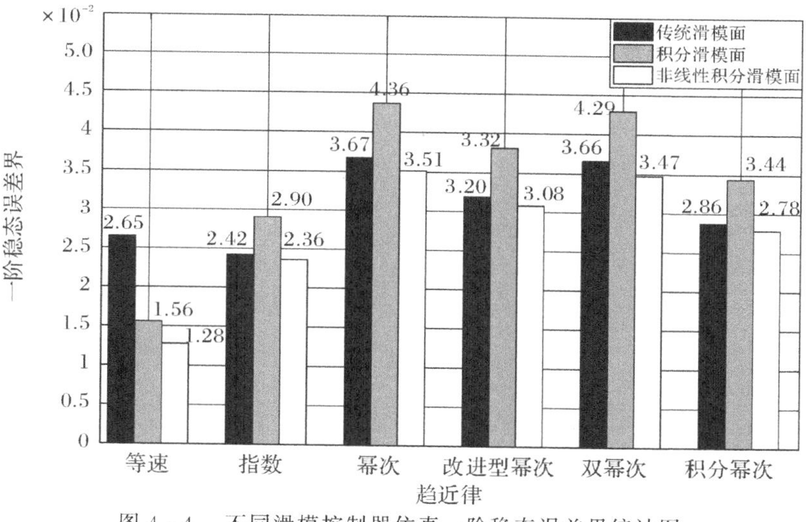

图 4-4　不同滑模控制器仿真一阶稳态误差界统计图

分析图 4-3、图 4-4 所示不同滑模控制器仿真稳态误差界：当采用等速趋近律[见式(4-10)]时，系统的稳态误差界整体较小，控制系统的准确性较好；当采用其他趋近律时，采用积分滑模面[见式(4-6)]时系统稳态误差界较大，采用传统滑模面[见式(4-3)]和非线性积分滑模面[见式(4-8)]时系统零阶稳态误差界无显著差异，均在 0.08 之内，满足精度要求，非线性积分滑模面[见式(4-8)]的稳态误差相对较小。因此，针对系统稳态误差界性能指标，采用各种趋近律及滑模面，均能使状态变量 x 精确跟踪期望 x_d，当采用等速趋近律[见式(4-10)]及积分滑模面[见式(4-6)]和非线性积分滑模面[见式(4-8)]时，即情形 2-1 和情形 3-1 时，系统的稳态误差界最小，跟踪精度最高。

情形 3-1，即采用非线性积分滑模面[见式(4-8)]和等速趋近律[见式(4-10)]时，系统调节速度相对较慢，但调节时间仍在 1.5 s 内，快速性良好，控制量变化范围最小，稳态误差界也最小，综合来看，其控制效果最好。

情形 3-6，即采用非线性积分滑模面[见式(4-8)]与积分幂次趋近律[见式(4-15)]时，系统调节时间相对于其他情形较短，控制量变化范围较小，稳态误差界也较小，控制较为优越。

综上所述，针对本仿真算例，采用情形 3-1、情形 3-6 的滑模控制器，即采用非线性积分滑模面[见式(4-8)]、等速趋近律[见式(4-10)]及非线性积分滑模面[见式(4-8)]、积分幂次趋近律[见式(4-15)]时，控制系统性能最好。情形 3-1 仿真结果图如图 4-5 ～ 图 4-9 所示，情形 3-6 仿真结果图如图 4-10 ～ 图 4-14 所示。

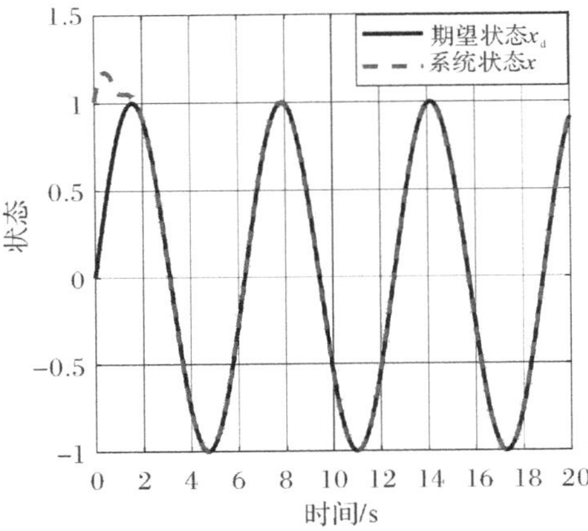

图 4-5　系统状态 x 与期望状态 x_d 的变化曲线

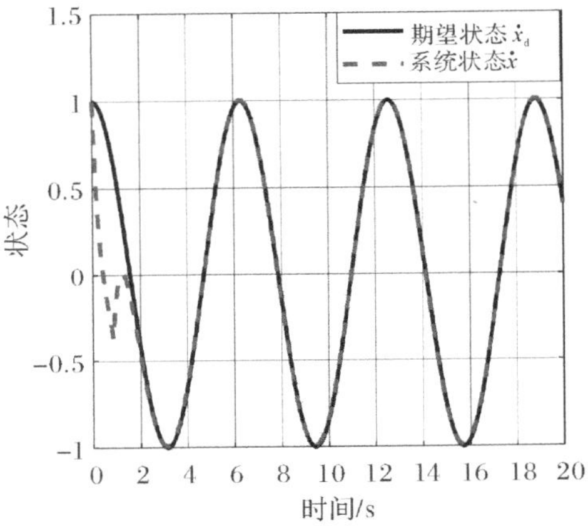

图 4-6　系统状态 $\dot{x}$ 与期望状态 $\dot{x}_d$ 的变化曲线

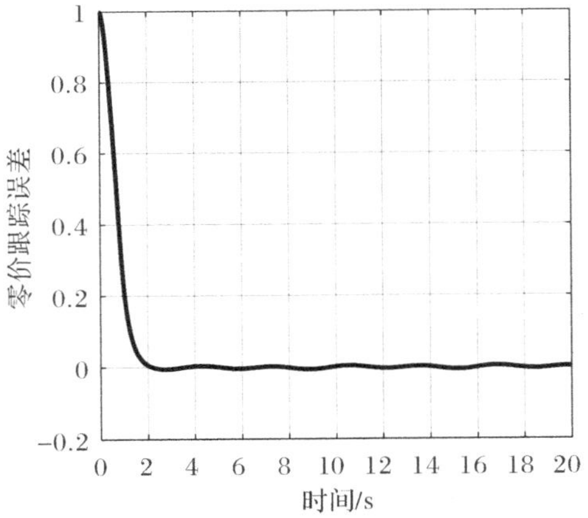

图 4-7　零阶跟踪误差 e 的变化曲线

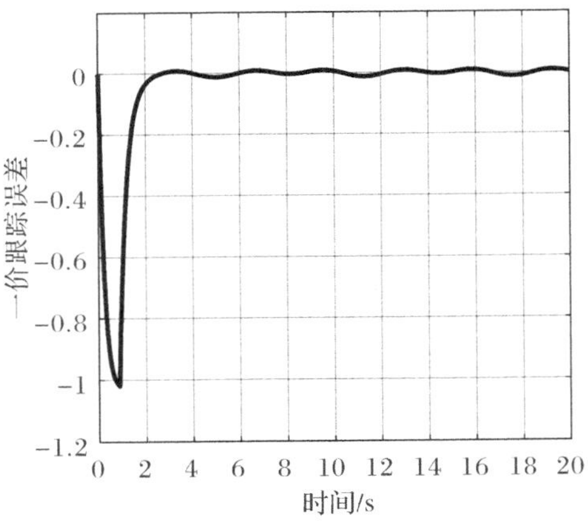

图 4-8　一阶跟踪误差 $\dot{e}$ 的变化曲线

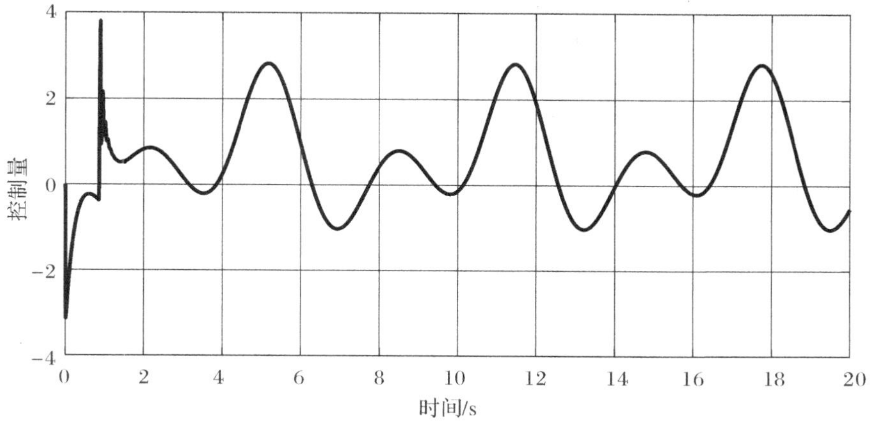

图 4-9　控制量 u 的变化曲线

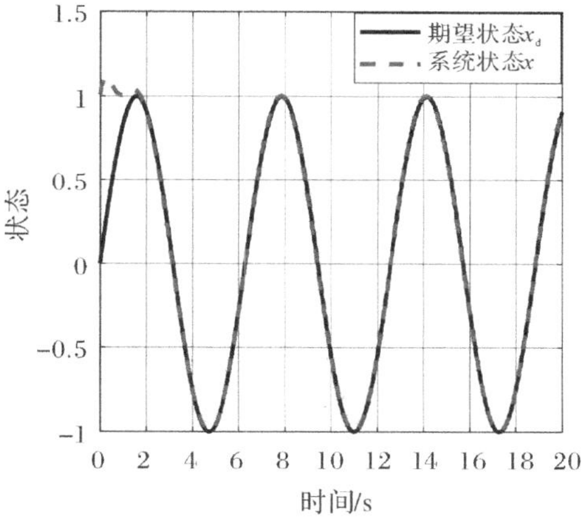

图 4-10　系统状态 x 与期望状态 x_d 的变化曲线

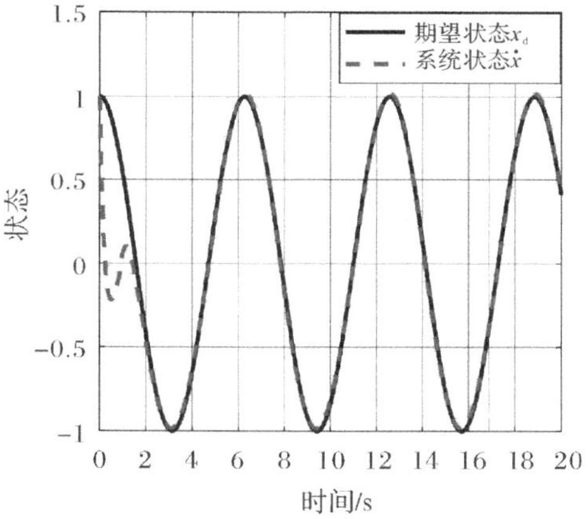

图 4-11　系统状态 $\dot{x}$ 与期望状态 $\dot{x}_d$ 的变化曲线

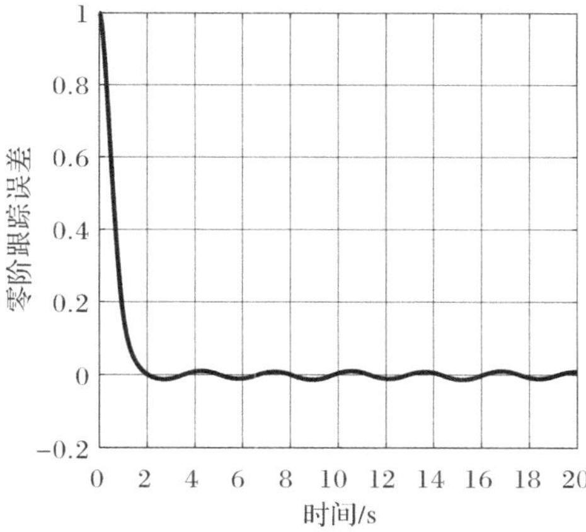

图 4-12　零阶跟踪误差 e 的变化曲线

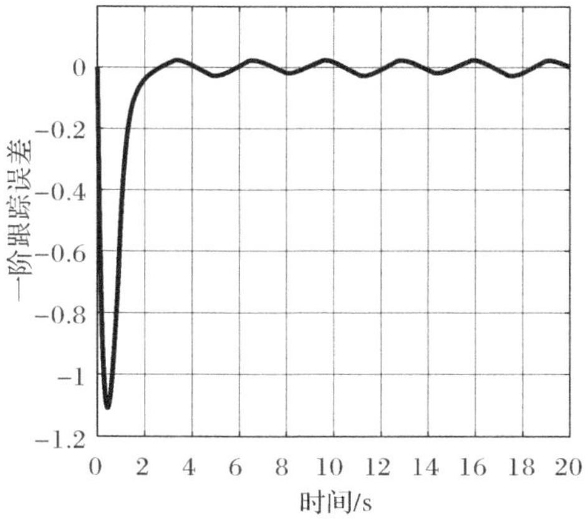

图 4-13　一阶跟踪误差 $\dot{e}$ 的变化曲线

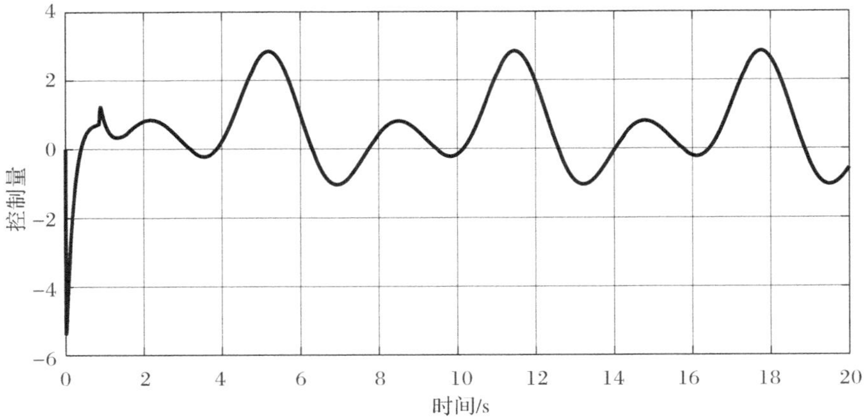

图 4-14　控制量 u 的变化曲线

4.4　自适应参数设计

当采用情形 3-6 的非线性积分滑模面[见式(4-8)]

$$\begin{cases} s(\boldsymbol{e}) = c_0\sigma + \boldsymbol{ce} \\ \dot{\sigma} = g(e_0) \end{cases}$$

以及积分幂次趋近律[见式(4-15)]

$$\dot{s} = -k_1 |s|^{\frac{1}{2}} \mathrm{sgn}(s) + \int_0^t -k_2 \mathrm{sgn}(s) \mathrm{d}\tau, \quad k_1 > 0, k_2 > 0$$

时,滑模控制器设计为

$$u = \frac{1}{b(x)} \left[k_1 |s|^{\frac{1}{2}} \mathrm{sgn}(s) + \int_0^t -k_2 \mathrm{sgn}(s) \mathrm{d}\tau + x_{\mathrm{d}}^{(n)} + P + D\mathrm{sgn}(s) - f(x,t) \right] \tag{4-22}$$

定义李雅普诺夫函数

$$V = \frac{1}{2} s^2 \tag{4-23}$$

则

$$\dot{V} = s\dot{s} \tag{4-24}$$

又有

$$\dot{s} = e_1^{(n)} + P = -k_1 |s|^{\frac{1}{2}} \mathrm{sgn}(s) + \int_0^t -k_2 \mathrm{sgn}(s) \mathrm{d}\tau - D\mathrm{sgn}(s) - d(t) \tag{4-25}$$

当 $s > 0$ 时,

$$\dot{V} = s\dot{s} = s[-k_1 |s|^{\frac{1}{2}} - k_2 t - D - d(t)] < 0 \tag{4-26}$$

当 $s < 0$ 时,

$$\dot{V} = s\dot{s} = s[k_1 |s|^{\frac{1}{2}} + k_2 t + D - d(t)] < 0 \tag{4-27}$$

在 $s \neq 0$ 时，$V > 0$ 且 $\dot{V} < 0$，即 $V\dot{V} < 0$ 恒成立，由李雅普诺夫稳定性理论知，系统关于 $s = 0$ 渐近稳定。

针对控制器[见式(4－22)]设计自适应参数：

$$\left.\begin{array}{l} \dot{k}_1 = \begin{cases} \omega\sqrt{\dfrac{\gamma}{2}}\operatorname{sgn}(|s| - \mu), & k_1 > k_{1m} \\ \eta, & k_1 \leqslant k_{1m} \end{cases} \\ k_2 = 2\varepsilon k_1 \end{array}\right\} \tag{4-28}$$

式中：ε、γ_1、ω_1 为任意正常数，$\eta \geqslant 0$，μ、k_{1m} 是任意小正常数。当 $|s| < \mu$ 时，$\dot{k}_1 < 0$，k_1 减小，趋近速率变慢；当 $|s| > \mu$ 时，$\dot{k}_1 > 0$，k_1 增大，趋近速率快，即自适应参数[见式(4－28)]可以使得滑动模态距切换面较远时，趋近速度快，滑动模态距切换面较近时，趋近速度小，且保证 $k_1 \neq 0$，即趋近速度不为 0。

将加入自适应参数[见式(4－28)]的控制器[见式(4－22)]应用于二阶非线性系统[见式(4－21)]中，进行仿真，自适应参数取 $k_1(0) = 5$，$k_{1m} = 0.02$，$\omega = 0.4$，$\gamma = 0.5$，$\mu = 0.02$，$\eta = 0.01$。其他仿真条件不变，同 4.3 节。不同外界干扰下的仿真控制性能指标如图 4－15～图4－18 所示。

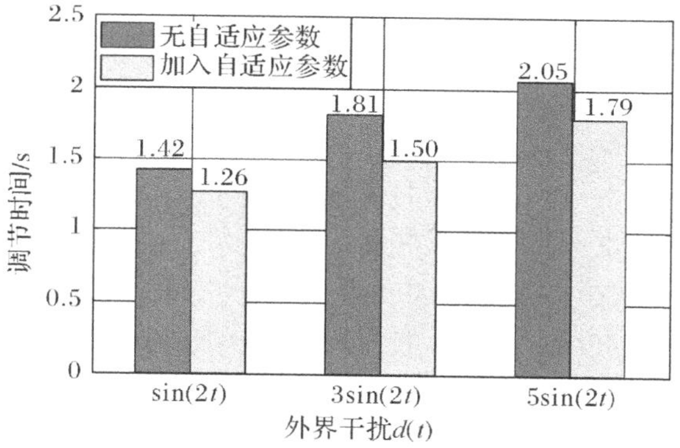

图 4－15　自适应滑模控制器与一般滑模控制器仿真调节时间对比

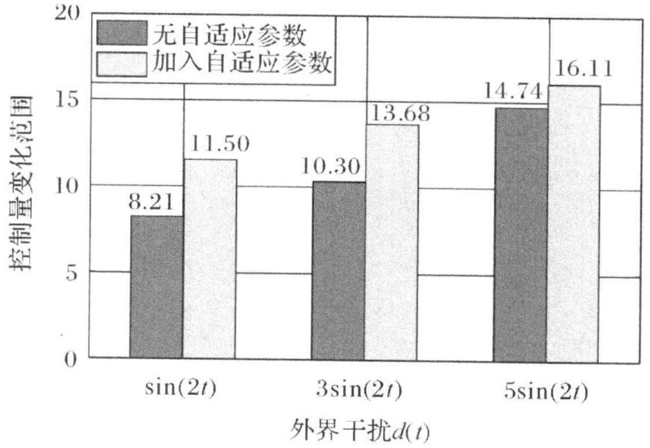

图 4－16　自适应滑模控制器与一般滑模控制器仿真控制量变化范围对比

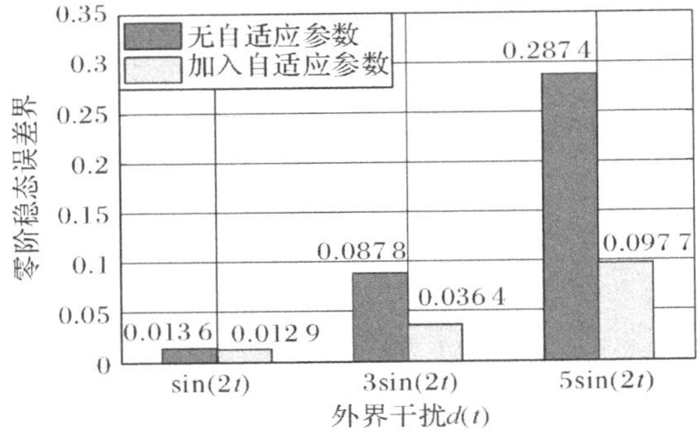

图 4-17　自适应滑模控制器与一般滑模控制器仿真零阶稳态误差界对比

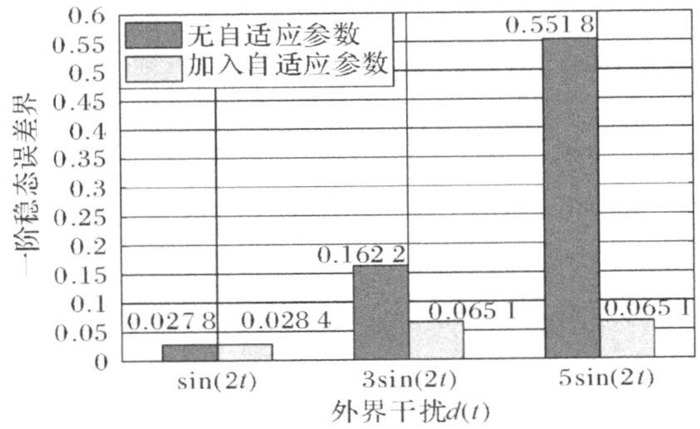

图 4-18　自适应滑模控制器与一般滑模控制器仿真一阶稳态误差界对比

分析图 4-15 ～ 图 4-18 中的数据，在不同幅度的外界干扰下，采用自适应参数[见式(4-28)]的控制器[见式(4-22)]时，虽控制量范围相对较大，但仍在合理范围内，且系统的调节时间均更短，稳态精度更高，均比不采用自适应参数时控制性能更好。随着干扰幅值的增大，自适应滑模控制器稳态精度的优势愈发明显。

注：本节所述调节时间指误差 e 首次进入 0.05 误差带且再不出来的时刻。

综上所述，采用自适应滑模控制器，可以通过调节控制器参数，提高系统对外界干扰的适应性，能使系统在存在不确定干扰情况下，保持稳定，且具有良好的控制性能。当外界干扰 $d(t)=3\sin(2t)$ 时，采用自适应参数的控制器仿真结果如图 4-19 ～ 图 4-24 所示。

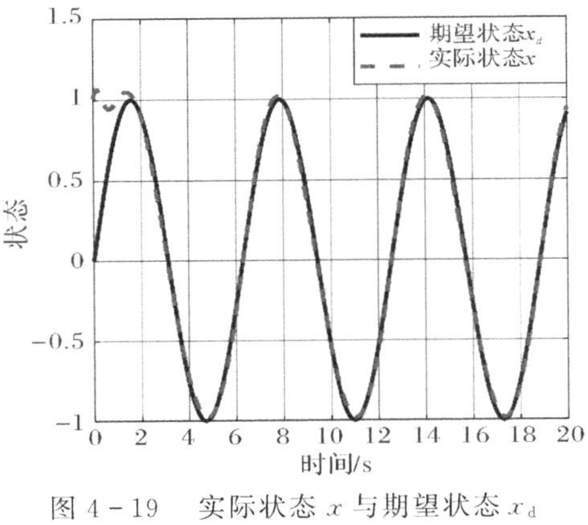

图 4-19　实际状态 x 与期望状态 x_d 的变化曲线

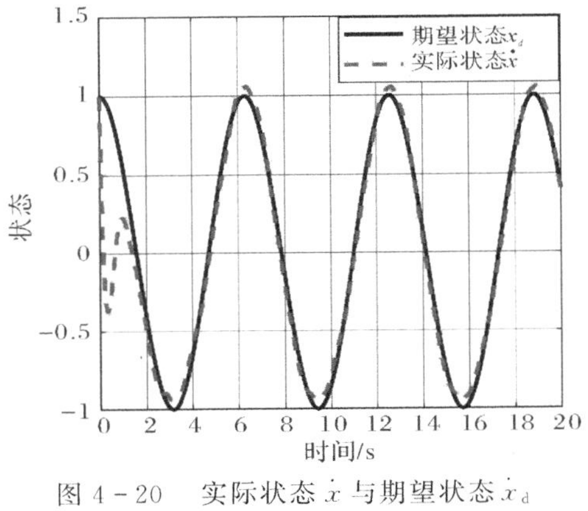

图 4-20　实际状态 $\dot{x}$ 与期望状态 $\dot{x}_d$ 的变化曲线

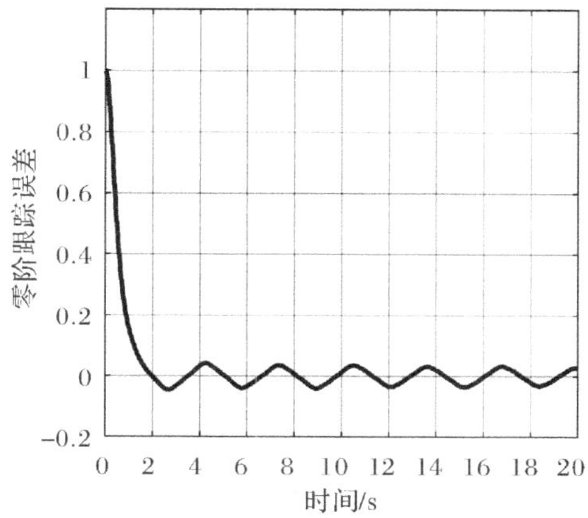

图 4-21　零阶跟踪误差 e 的变化曲线

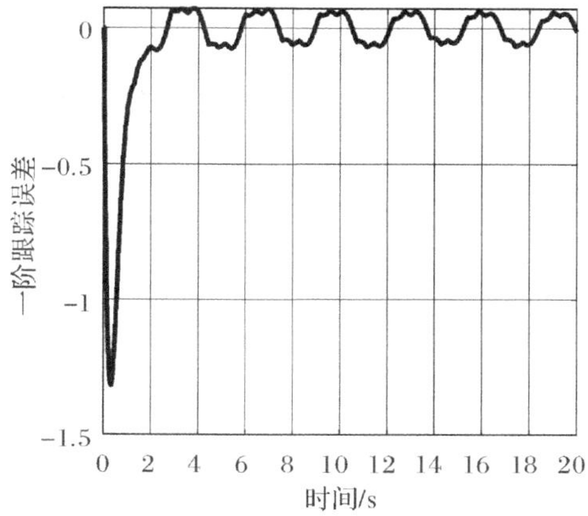

图 4-22　一阶跟踪误差 $\dot{e}$ 的变化曲线

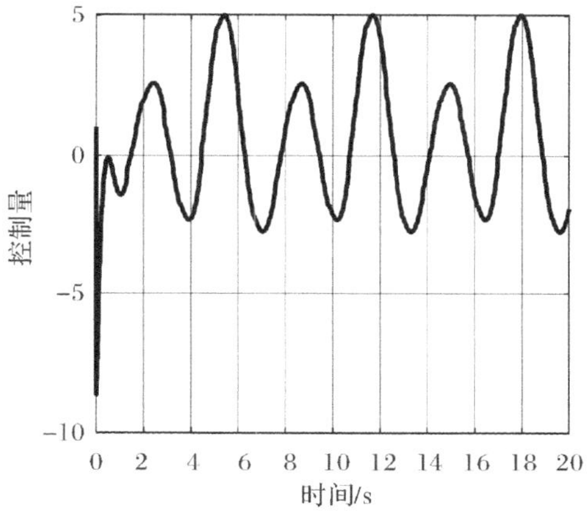

图 4-23　控制量 u 的变化曲线

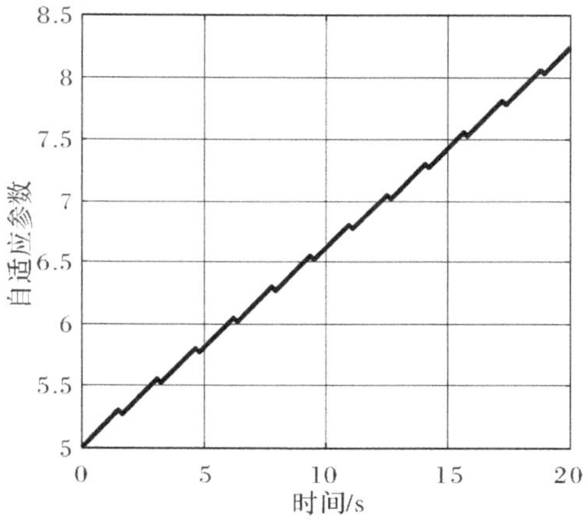

图 4-24　自适应参数 k_1 的变化曲线

4.5　本章小结

本章针对一类不确定非线性系统，分别设计了不同的滑模面和趋近律，推导出能使系统稳定的滑模控制器，并进行仿真。根据调节时间、稳态误差界等性能指标对不同控制器的控制效果进行对比。设计了一种自适应参数算法，增大系统干扰后，仍能使系统保持良好的控制效果，验证了所设计的自适应滑模控制器能够使系统具有更好的鲁棒性。

第 5 章　直线倒立摆模型构建

5.1　直线一级倒立摆的数学模型建立

在控制系统的分析和设计中，首先要建立系统的数学模型。控制系统的数学模型是描述系统内部物理量(或变量)之间关系的数学表达式。

系统建模可以分为两种：实验建模和机理建模。实验建模就是通过在研究对象上加上一系列的研究者事先确定的输入信号，激励研究对象并通过传感器检测其可观测的输出，应用数学手段建立起系统的输入-输出关系。这里面包括输入信号的设计选取，输出信号的精确检测，数学算法的研究，等等。机理建模就是在了解研究对象的运动规律的基础上，通过物理、化学的知识和数学手段建立起系统内部的输入-状态关系。对于倒立摆系统，由于其本身是自不稳定的系统，实验建模存在一定的困难。但是忽略掉一些次要的因素后，倒立摆系统就是一个典型的运动的刚体系统，可以在惯性坐标系内应用经典力学理论建立系统的动力学方程。下面我们采用其中的牛顿-欧拉方法和拉格朗日方法分别建立直线型一级倒立摆系统的数学模型。

5.1.1　牛顿-欧拉法建模

在忽略了空气阻力和各种摩擦之后，可将直线一级倒立摆系统抽象成小车和匀质杆组成的系统，如图 5－1 所示。参数说明：

M：小车质量。

m：摆杆质量。

b：小车阻尼系数。

l：摆杆转动轴心到杆质心的长度。

I：摆杆惯量。

F：加在小车上的力。

x：小车位置。

φ：摆杆与垂直向上方向的夹角。

θ：摆杆与垂直向下方向的夹角(考虑到摆杆初始位置为竖直向下)。

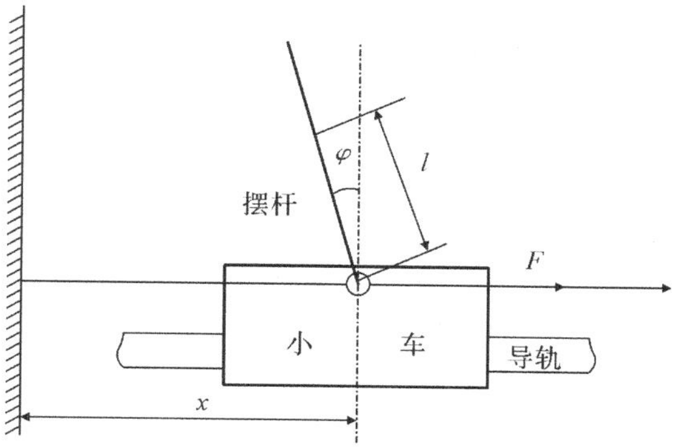

图 5-1　直线一级倒立摆模型

图 5-2 所示为系统中小车和摆杆的受力分析图(建模时忽略摩擦力)。其中，F 是作用在小车上的外作用力，N 和 P 为小车与摆杆相互作用力的水平和垂直方向的分量，$b\dot{x}$ 是阻尼力。

注意：在实际倒立摆系统中检测和执行装置的正负方向已经完全确定，因而矢量方向定义如图 5-2(a) 所示，图示方向为矢量正方向。

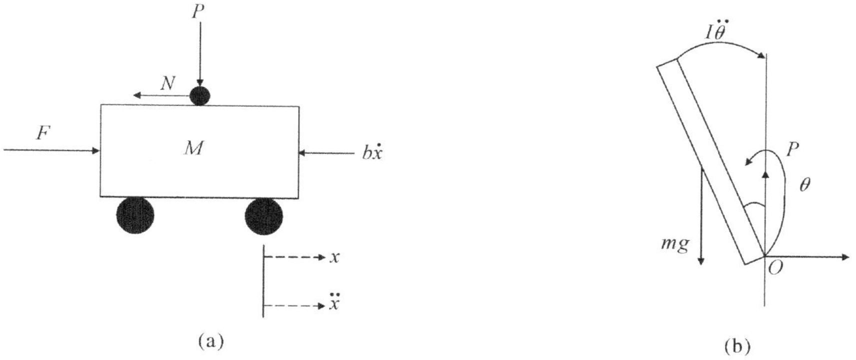

图 5-2　小车及摆杆受力分析图

分析小车水平方向所受的合力，可以得到以下方程：

$$M\ddot{x} = F - b\dot{x} - N \tag{5-1}$$

由摆杆水平方向的受力进行分析可以得到以下等式：

$$N = m\frac{\mathrm{d}}{\mathrm{d}t^2}(x + l\sin\theta) \tag{5-2}$$

即

$$N = m\ddot{x} + ml\ddot{\theta}\cos\theta - ml\dot{\theta}^2\sin\theta \tag{5-3}$$

把式(5-3) 代入式(5-1) 中，就得到系统的第一个运动方程：

$$(M+m)\ddot{x} + b\dot{x} + ml\ddot{\theta}\cos\theta - ml\dot{\theta}^2\sin\theta = F \tag{5-4}$$

为了推出系统的第二个运动方程，我们对摆杆垂直方向上的合力进行分析，可以得到以下方程：

$$P - mg = m\frac{\mathrm{d}}{\mathrm{d}t^2}(-l\cos\theta) \tag{5-5}$$

$$P - mg = ml\theta\sin\theta + ml\dot{\theta}^2\cos\theta \tag{5-6}$$

力矩平衡方程如下：

$$-Pl\sin\theta - Nl\cos\theta = I\theta \tag{5-7}$$

注意：此方程中力矩的方向，由于 $\theta = \pi + \varphi$，$\cos\varphi = -\cos\theta$，$\sin\varphi = -\sin\theta$，故等式前面有负号。合并式(5-4) ~ 式(5-7)，约去 P 和 N，得到第二个运动方程：

$$(I + ml^2)\theta + mgl\sin\theta = -ml\ddot{x}\cos\theta \tag{5-8}$$

设 $\theta = \pi + \varphi$（φ 是摆杆与垂直向上方向之间的夹角），假设 φ 很小，则可以进行近似处理：

$$\cos\theta = -1,\quad \sin\theta = -\varphi,\quad \left(\frac{\mathrm{d}\theta}{\mathrm{d}t}\right)^2 = 0$$

用 u 来代表被控对象的输入力 F，线性化后两个运动方程如下（线性化时忽略 2 阶小量）：

$$\left.\begin{aligned}(I + ml^2)\ddot{\varphi} - mgl\varphi &= ml\ddot{x}\\ (M + m)\ddot{x} + b\dot{x} - ml\ddot{\varphi} &= u\end{aligned}\right\} \tag{5-9}$$

对方程组式(5-9)进行拉普拉斯变换，得到方程组：

$$\left.\begin{aligned}(I + ml^2)\Phi(s)s^2 - mgl\Phi(s) &= mlX(s)s^2\\ (M + m)X(s)s^2 + bX(s)s - ml\Phi(s)s^2 &= U(s)\end{aligned}\right\} \tag{5-10}$$

注意：推导传递函数时假设初始条件为 0。由于输出为角度 φ，求解方程组的第一个方程，可得

$$X(s) = \left[\frac{(I + ml^2)}{ml} - \frac{g}{s^2}\right]\Phi(s) \tag{5-11}$$

如果令 $v = \ddot{x}$，根据方程组式(5-10)的第一式，可得

$$\Phi(s) = \frac{ml}{(I + ml^2)s^2 - mgl}V(s) \tag{5-12}$$

把式(5-12)代入方程组式(5-10)的第二式，可得

$$(M + m)\left[\frac{(I + ml^2)}{ml} - \frac{g}{s^2}\right]\Phi(s)s^2 +$$

$$b\left[\frac{(I + ml^2)}{ml} - \frac{g}{s^2}\right]\Phi(s)s - ml\Phi(s)s^2 = U(s) \tag{5-13}$$

整理后可得以外部作用力 F 为输入、摆杆与垂直方向的夹角 φ 为输出的传递函数：

$$\frac{\Phi(s)}{U(s)} = \frac{\dfrac{ml}{q}s^2}{s^4 + \dfrac{b(I + ml^2)}{q}s^3 - \dfrac{(M + m)mgl}{q}s^2 - \dfrac{bmgl}{q}s} \tag{5-14}$$

式中：$q = [(M + m)(I + ml^2) - (ml)^2]$。

为了方便基于现代控制理论进行控制器设计，需建立倒立摆系统的状态空间模型。设系统状态空间方程为

$$\left.\begin{aligned}\dot{\boldsymbol{X}} &= \boldsymbol{AX} + \boldsymbol{B}u\\ \boldsymbol{y} &= \boldsymbol{CX} + \boldsymbol{D}u\end{aligned}\right\} \tag{5-15}$$

方程组对 $\ddot{x}$、$\ddot{\varphi}$ 解代数方程，可以得到如下方程组：

$$\left.\begin{aligned}
\dot{x} &= \dot{x} \\
\ddot{x} &= \frac{-(I+ml^2)b\dot{x}}{I(M+m)+Mml^2} + \frac{m^2gl^2\varphi}{I(M+m)+Mml^2} + \frac{(I+ml^2)u}{I(M+m)+Mml^2} \\
\dot{\varphi} &= \dot{\varphi} \\
\ddot{\varphi} &= \frac{-mlb\dot{x}}{I(M+m)+Mml^2} + \frac{mgl(M+m)\varphi}{I(M+m)+Mml^2} + \frac{mlu}{I(M+m)+Mml^2}
\end{aligned}\right\} \tag{5-16}$$

整理后得到以外部作用力 F（u 来代表被控对象的输入力 F）作为输入的系统状态方程：

$$\begin{bmatrix}\dot{x}\\ \ddot{x}\\ \dot{\varphi}\\ \ddot{\varphi}\end{bmatrix} = \begin{bmatrix}0 & 1 & 0 & 0\\ 0 & \dfrac{-(I+ml^2)b}{I(M+m)+Mml^2} & \dfrac{m^2gl^2}{I(M+m)+Mml^2} & 0\\ 0 & 0 & 0 & 1\\ 0 & \dfrac{-mlb}{I(M+m)+Mml^2} & \dfrac{mgl(M+m)}{I(M+m)+Mml^2} & 0\end{bmatrix}\begin{bmatrix}x\\ \dot{x}\\ \varphi\\ \dot{\varphi}\end{bmatrix} +$$

$$\begin{bmatrix}0\\ \dfrac{I+ml^2}{I(M+m)+Mml^2}\\ 0\\ \dfrac{ml}{I(M+m)+Mml^2}\end{bmatrix}u \tag{5-17}$$

$$\boldsymbol{y} = \begin{bmatrix}x\\ \varphi\end{bmatrix} = \begin{bmatrix}1 & 0 & 0 & 0\\ 0 & 0 & 1 & 0\end{bmatrix}\begin{bmatrix}x\\ \dot{x}\\ \varphi\\ \dot{\varphi}\end{bmatrix} + \begin{bmatrix}0\\ 0\end{bmatrix}u \tag{5-18}$$

以上建立了以外部作用力 F 为输入的状态空间模型，但是，本倒立摆实验系统电机控制模式为电机转动加速度，因此，还需要建立以电机加速度为输入的传递函数与状态空间模型。根据式(5-9)第一式，重写如下：

$$(I+ml^2)\ddot{\varphi} - mgl\varphi = ml\ddot{x} \tag{5-19}$$

对于质量均匀分布的摆杆，有

$$I = \frac{1}{3}ml^2 \tag{5-20}$$

将式(5-20)代入式(5-1)，可得

$$\left(\frac{1}{3}ml^2 + ml^2\right)\ddot{\varphi} - mgl\varphi = ml\ddot{x} \tag{5-21}$$

化简得

$$\ddot{\varphi} = \frac{3g}{4l}\varphi + \frac{3}{4l}\ddot{x} \tag{5-22}$$

设 $\boldsymbol{X} = [x, \dot{x}, \varphi, \dot{\varphi}]$，$u' = \ddot{x}$，则可以得到以小车加速度作为输入的系统状态方程：

$$\begin{bmatrix}\dot{x}\\ \ddot{x}\\ \dot{\varphi}\\ \ddot{\varphi}\end{bmatrix}=\begin{bmatrix}0&1&0&0\\0&0&0&0\\0&0&0&1\\0&0&\frac{3g}{4l}&0\end{bmatrix}\begin{bmatrix}x\\ \dot{x}\\ \varphi\\ \dot{\varphi}\end{bmatrix}+\begin{bmatrix}0\\1\\0\\ \frac{3}{4l}\end{bmatrix}u' \tag{5-23}$$

$$\boldsymbol{y}=\begin{bmatrix}x\\ \varphi\end{bmatrix}=\begin{bmatrix}1&0&0&0\\0&0&1&0\end{bmatrix}\begin{bmatrix}x\\ \dot{x}\\ \varphi\\ \dot{\varphi}\end{bmatrix}+\begin{bmatrix}0\\0\end{bmatrix}u' \tag{5-24}$$

以小车加速度为控制量，摆杆角度为被控对象，此时系统的传递函数为

$$G(s)=\frac{\frac{3}{4l}}{s^2-\frac{3g}{4l}} \tag{5-25}$$

针对本倒立摆实验系统，系统参数见表 5-1。

表 5-1　便携式直线一级倒立摆实际系统的物理参数

摆杆质量 m	摆杆长度 L	摆杆转轴到质心长度 l	重力加速度 g
0.042 6 kg	0.305 m	0.152 5 m	9.81 m/s^2

将表 5-1 中的物理参数代入式(5-23)的系统状态方程和式(5-25)的传递函数中可得如下精确模型。

系统状态空间方程：

$$\begin{bmatrix}\dot{x}\\ \ddot{x}\\ \dot{\varphi}\\ \ddot{\varphi}\end{bmatrix}=\begin{bmatrix}0&1&0&0\\0&0&0&0\\0&0&0&1\\0&0&48.3&0\end{bmatrix}\begin{bmatrix}x\\ \dot{x}\\ \varphi\\ \dot{\varphi}\end{bmatrix}+\begin{bmatrix}0\\1\\0\\4.9\end{bmatrix}u' \tag{5-26}$$

$$\boldsymbol{y}=\begin{bmatrix}x\\ \varphi\end{bmatrix}=\begin{bmatrix}1&0&0&0\\0&0&1&0\end{bmatrix}\begin{bmatrix}x\\ \dot{x}\\ \varphi\\ \dot{\varphi}\end{bmatrix}+\begin{bmatrix}0\\0\end{bmatrix}u' \tag{5-27}$$

系统传递函数：

$$G(s)=\frac{4.9}{s^2-48.3} \tag{5-28}$$

以上通过牛顿-欧拉法建立了一级直线倒立摆系统的数据模型，基于该控制模型，进行控制器设计与分析。

5.1.2　拉格朗日法建模

下面采用拉格朗日方程建模。拉格朗日方程为

$$L(q,\dot{q})=T(q,\dot{q})-V(q,\dot{q}) \tag{5-29}$$

式中：L 为拉格朗日算子；q 为系统的广义坐标；T 为系统的动能；V 为系统的势能。

$$\frac{\mathrm{d}}{\mathrm{d}t}\frac{\partial L}{\partial \dot{q}_i}-\frac{\partial L}{\partial q_i}=f_i \tag{5-30}$$

式中：$i=1,2,3,\cdots,n$；f_i 为系统在第 i 个广义坐标上的外力。在一级倒立摆系统中，系统的广义坐标有三，分别为 x、φ、θ_1。

首先计算系统的动能：

$$T=T_M+T_m \tag{5-31}$$

式中：T_M、T_m 分别为小车的动能和摆杆的动能。

小车的动能：

$$T_M=\frac{1}{2}M\dot{x}^2 \tag{5-32}$$

下面计算摆杆的动能：$T_m=T_m'+T_m''$。其中 T_m'、T_m'' 分别为摆杆的平动动能和转动动能。

设 x_{pend} 为摆杆质心横坐标，y_{pend} 为摆杆质心纵坐标，有

$$\left.\begin{aligned}x_{\mathrm{pend}}&=x-l\sin\varphi\\y_{\mathrm{pend}}&=l\cos\varphi\end{aligned}\right\} \tag{5-33}$$

摆杆的动能：

$$\left.\begin{aligned}T_m'&=\frac{1}{2}m\left[\left(\frac{\mathrm{d}x_{\mathrm{pend}}}{\mathrm{d}t}\right)^2+\left(\frac{\mathrm{d}y_{\mathrm{pend}}}{\mathrm{d}t}\right)^2\right]\\T_m''&=\frac{1}{2}I\dot{\theta}_2^{\,2}=\frac{1}{6}ml^2\dot{\varphi}^2\end{aligned}\right\} \tag{5-34}$$

于是有系统的总动能：

$$T_m=T_m'+T_m''=\frac{1}{2}m\left[\left(\frac{\mathrm{d}x_{\mathrm{pend}}}{\mathrm{d}t}\right)^2+\left(\frac{\mathrm{d}y_{\mathrm{pend}}}{\mathrm{d}t}\right)^2\right]+\frac{1}{6}ml^2\dot{\varphi}^2 \tag{5-35}$$

系统的势能为

$$V=V_m=mgy_{\mathrm{pend}}=mgl\cos\varphi \tag{5-36}$$

由于系统在 φ 广义坐标下只有摩擦力作用，所以有

$$\frac{\mathrm{d}}{\mathrm{d}t}\frac{\partial L}{\partial \dot{\varphi}}-\frac{\partial L}{\partial \varphi}=b\dot{x} \tag{5-37}$$

对于直线一级倒立摆系统，系统状态变量为$\{x,\varphi,\dot{x},\dot{\varphi}\}$。为求解状态方程：

$$\left.\begin{aligned}\dot{\boldsymbol{X}}&=A\boldsymbol{X}+Bu'\\Y&=C\boldsymbol{X}\end{aligned}\right\} \tag{5-38}$$

需要求解 $\ddot{\varphi}$，因此设 $\ddot{\varphi}=f(x,\varphi,\dot{x},\dot{\varphi},\ddot{x})$。

将 $\ddot{\varphi}$ 在平衡位置附近进行泰勒级数展开，并线性化，可得

$$\ddot{\varphi}=k_{11}x+k_{12}\varphi+k_{13}\dot{x}+k_{14}\dot{\varphi}+k_{15}\ddot{x} \tag{5-39}$$

式中：$k_{11}=\frac{\partial f}{\partial x}\big|_{x=0,\varphi=0,\dot{x}=0,\dot{\varphi}=0,\ddot{x}=0}$，$k_{12}=\frac{\partial f}{\partial \varphi}\big|_{x=0,\varphi=0,\dot{x}=0,\dot{\varphi}=0,\ddot{x}=0}$，$k_{13}=\frac{\partial f}{\partial \dot{x}}\big|_{x=0,\varphi=0,\dot{x}=0,\dot{\varphi}=0,\ddot{x}=0}$，$k_{14}=\frac{\partial f}{\partial \dot{\varphi}}\big|_{x=0,\varphi=0,\dot{x}=0,\dot{\varphi}=0,\ddot{x}=0}$，$k_{15}=\frac{\partial f}{\partial \ddot{x}}\big|_{x=0,\varphi=0,\dot{x}=0,\dot{\varphi}=0,\ddot{x}=0}$。

求解式(5-39)得到：$k_{11}=0$，$k_{12}=\frac{3g}{4l}$，$k_{13}=0$，$k_{14}=0$，$k_{15}=\frac{3}{4l}$。

设 $X=\{x,\dot{x},\varphi,\dot{\varphi}\}$，$u'=\ddot{x}$，则可以得到以小车加速度作为输入的系统状态方程：

$$\begin{bmatrix}\dot{x}\\ \ddot{x}\\ \dot{\varphi}\\ \ddot{\varphi}\end{bmatrix}=\begin{bmatrix}0&1&0&0\\0&0&0&0\\0&0&0&1\\0&0&\frac{3g}{4l}&0\end{bmatrix}\begin{bmatrix}x\\ \dot{x}\\ \varphi\\ \dot{\varphi}\end{bmatrix}+\begin{bmatrix}0\\1\\0\\ \frac{3}{4l}\end{bmatrix}u' \tag{5-40}$$

$$\boldsymbol{y}=\begin{bmatrix}x\\ \varphi\end{bmatrix}=\begin{bmatrix}1&0&0&0\\0&0&1&0\end{bmatrix}\begin{bmatrix}x\\ \dot{x}\\ \varphi\\ \dot{\varphi}\end{bmatrix}+\begin{bmatrix}0\\0\end{bmatrix}u' \tag{5-41}$$

可以看出，利用拉格朗日方法和牛顿-欧拉法得到的状态方程的是相同的，不同之处在于，输入 u' 为小车的加速度 $\ddot{x}$，而牛顿欧拉法建立的第一个状态方程的输入 u 为外界给小车施加的力。对于不同的输入，系统的状态方程不一样。需要说明的是，本实验系统采用的是深圳元创兴科技有限公司设计的倒立摆实验系统，所有设计的控制器和仿真程序，采用的都是以小车的加速度作为系统的输入。另外，对比较简单的直线一级倒立摆，利用牛顿-欧拉法进行建模和计算比较方便和快捷，但对于多级倒立摆，利用拉格朗日方法建模比较方便。

5.1.3　系统的阶跃响应分析与可控性分析

1. 系统阶跃响应分析

根据建立的系统状态方程[见式(5－26)和式(5－27)]，对其进行阶跃响应分析，在 MATLAB 脚本文件中键入以下命令，可以得到如图 5－3 所示的响应曲线。

```
clc; clear; close all;
% 倒立摆系统模型参数
A = [0 1 0 0;
     0 0 0 0;
     0 0 0 1;
     0 0 48.3 0];
B = [0 1 0 4.9]';
C = [1 0 0 0;
     0 0 1 0];
D = [0 0]';
% 建立系统状态空间模型
sys = ss(A, B, C, D);
% 仿真时间
t = 0:0.01:1;
% 系统单位阶跃响应
step(sys, t);
```

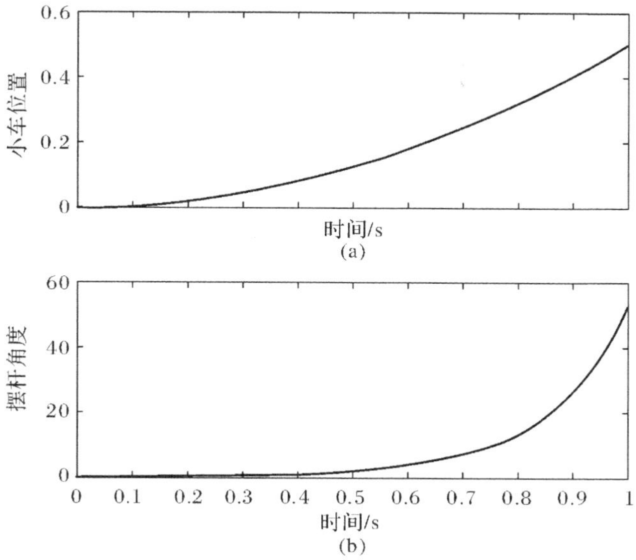

图 5-3　小车位置和摆杆角度阶跃响应曲线

(a) 小车位置响应曲线;(b) 倒立摆摆杆角度响应曲线

从图 5-3 中可以看出,在单位阶跃响应作用下,小车位置和摆杆角度都是发散的,即未校正前的系统是不稳定的。

2. 系统可控性分析

对于连续时间系统:

$$\left.\begin{aligned}\dot{\boldsymbol{X}} &= \boldsymbol{AX}+\boldsymbol{B}u\\ \boldsymbol{y} &= \boldsymbol{CX}+\boldsymbol{D}u\end{aligned}\right\} \tag{5-42}$$

系统状态完全可控的条件为当且仅当向量组 $\boldsymbol{B},\boldsymbol{AB},\boldsymbol{A}^2\boldsymbol{B},\cdots,\boldsymbol{A}^{n-1}\boldsymbol{B}$ 是线性无关的,或 $n\times n$ 维矩阵

$$[\boldsymbol{B},\boldsymbol{AB},\boldsymbol{A}^2\boldsymbol{B},\cdots,\boldsymbol{A}^{n-1}\boldsymbol{B}] \tag{5-43}$$

的秩为 n。

系统的输出可控性条件为当且仅当矩阵

$$[\boldsymbol{CB},\boldsymbol{CAB},\boldsymbol{CA}^2\boldsymbol{B},\cdots,\boldsymbol{CA}^{n-1}\boldsymbol{B},\boldsymbol{D}] \tag{5-44}$$

的秩等于输出向量 $\boldsymbol{y}$ 的维数。

应用以上原理对系统进行可控性分析。

由式(5-40)和式(5-41)可得

$$\boldsymbol{A}=\begin{bmatrix}0&1&0&0\\0&0&0&0\\0&0&0&1\\0&0&48.3&0\end{bmatrix},\quad \boldsymbol{B}=\begin{bmatrix}0\\1\\0\\4.9\end{bmatrix},\quad \boldsymbol{C}=\begin{bmatrix}1&0&0&0\\0&0&1&0\end{bmatrix},\quad \boldsymbol{D}=\begin{bmatrix}0\\0\end{bmatrix}$$

将矩阵 $\boldsymbol{A}$、$\boldsymbol{B}$、$\boldsymbol{C}$、$\boldsymbol{D}$ 分别代入式(5-43)和式(5-44)中,并利用 MATLAB 计算对应矩阵的秩。MATLAB 计算过程如下:

```
clc; clear; close all;
% 倒立摆系统模型参数
A = [0 1 0 0;
     0 0 0 0;
     0 0 0 1;
     0 0 48.3 0];
B = [0 1 0 4.9]';
C = [1 0 0 0;
     0 1 0 0];
D = [0;0];
% 可控性分析
cona_state = [B, A * B, A^2 * B, A^3 * B];
cona_output = [C * B C * A * B C * A^2 * B C * A^3 * B D];
rs = rank(cona_state)
ro = rank(cona_output)
```

运行上述程序，可得：rs = 4，ro = 2。

从计算结果可以看出，系统的状态完全可控性矩阵的秩(4) 等于系统的状态变量维数(4)，系统的输出完全可控性矩阵的秩(2) 等于系统输出向量 $\boldsymbol{y}$ 的维数(2)，所以系统是可控的，因此可以对系统进行控制器的设计，使系统稳定。对于以外界作用力作为系统输入的状态方程的可控性分析，读者可以按上述方法自行计算。

5.2 直线二级倒立摆的数学模型建立

5.2.1 模型构建

直线二级倒立摆模型如图 5-4 所示，在忽略了空气阻力和各种摩擦之后，可将直线二级倒立摆系统抽象成小车和匀质杆组成的系统。图中，F 为加在小车上的力，x 为小车位移，θ_1 为摆杆 1 与垂直向上方向的夹角，θ_2 为摆杆 2 与垂直向上方向的夹角。

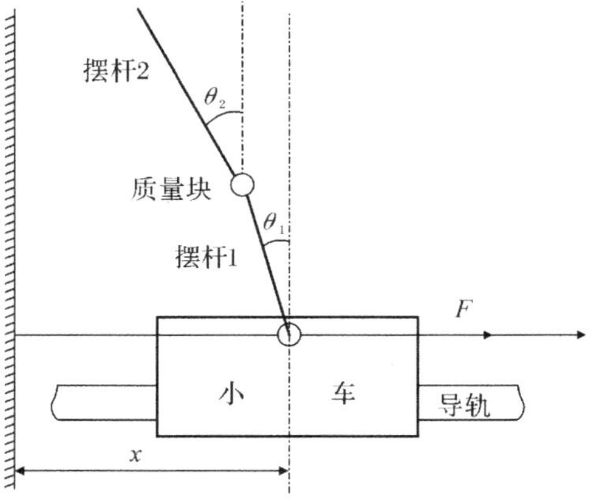

图 5-4　直线二级倒立摆模型

本节采用深圳前海格致科技有限公司的倒立摆实验装置进行实验验证，该倒立摆实验系统控制模式为采用电机加速度作为控制输入，相关参数见表 5-2。

表 5-2　直线二级倒立摆实际系统的物理参数

变 量	取 值
摆杆 1 质量 m_1	0.124 kg
摆杆 2 质量 m_2	0.111 kg
摆杆 1 转动轴心到杆质心的长度 l_1	0.15 m
摆杆 2 转动轴心到杆质心的长度 l_2	0.25 m
摆杆 1 长度 L_1	0.2 m
摆杆 2 长度 L_2	0.5 m
质量块的质量 m_3	0.1 kg
重力加速度 g	9.81 m/s^2

建立如下两式所示的以电机加速度为输入，小车位置、速度、摆杆 1 角度和角速度、摆杆 2 角度和角速度为系统状态，小车位置、摆杆 1 角度和摆杆 2 角度为输出的状态空间模型：

$$\underbrace{\begin{bmatrix}\dot{x}\\\dot{\theta}_1\\\dot{\theta}_2\\\ddot{x}\\\ddot{\theta}_1\\\ddot{\theta}_2\end{bmatrix}}_{\dot{\boldsymbol{X}}}=\underbrace{\begin{bmatrix}0&0&0&1&0&0\\0&0&0&0&1&0\\0&0&0&0&0&1\\0&0&0&0&0&0\\0&77.73&-30.15&0&0&0\\0&-70.59&67.25&0&0&0\end{bmatrix}}_{\boldsymbol{A}}\underbrace{\begin{bmatrix}x\\\theta_1\\\theta_2\\\dot{x}\\\dot{\theta}_1\\\dot{\theta}_2\end{bmatrix}}_{\boldsymbol{X}}+\underbrace{\begin{bmatrix}0\\0\\0\\1\\4.85\\-0.35\end{bmatrix}}_{\boldsymbol{B}}u \tag{5-45}$$

$$\underbrace{\begin{bmatrix}x\\\theta_1\\\theta_2\end{bmatrix}}_{\boldsymbol{Z}}=\underbrace{\begin{bmatrix}1&0&0&0&0&0\\0&1&0&0&0&0\\0&0&1&0&0&0\end{bmatrix}}_{\boldsymbol{C}}\boldsymbol{X} \tag{5-46}$$

式中：u 为电机加速度，也即本节的设计变量，单位 m/s^2。

根据式(5-45) 和式(5-46)，系统模型可转换为如下形式：

$$\underbrace{\begin{bmatrix}\dot{x}\\\dot{\theta}_1\\\dot{\theta}_2\end{bmatrix}}_{\dot{\boldsymbol{X}}_1}=\underbrace{\begin{bmatrix}1&0&0\\0&1&0\\0&0&1\end{bmatrix}}_{\boldsymbol{A}_1}\underbrace{\begin{bmatrix}\dot{x}\\\dot{\theta}_1\\\dot{\theta}_2\end{bmatrix}}_{\boldsymbol{X}_2} \tag{5-47}$$

$$\dot{\boldsymbol{X}}_2=\underbrace{\begin{bmatrix}0&0&0\\0&77.73&-30.15\\0&-70.59&67.25\end{bmatrix}}_{\boldsymbol{A}_2}\boldsymbol{X}_1+\underbrace{\begin{bmatrix}1\\4.85\\-0.35\end{bmatrix}}_{\boldsymbol{B}_1}u \tag{5-48}$$

$$\underbrace{\begin{bmatrix} x \\ \theta_1 \\ \theta_2 \end{bmatrix}}_{\boldsymbol{Y}} = \underbrace{\begin{bmatrix} 1 & 0 & 0 \\ 0 & 1 & 0 \\ 0 & 0 & 1 \end{bmatrix}}_{\boldsymbol{C}_1} \underbrace{\begin{bmatrix} x \\ \theta_1 \\ \theta_2 \end{bmatrix}}_{\boldsymbol{X}_1} \tag{5-49}$$

综合式(5-45)～式(5-49)，二级倒立摆模型可整理如下：

$$\left.\begin{aligned} \dot{\boldsymbol{X}} &= \boldsymbol{AX} + \boldsymbol{B}u \\ \boldsymbol{Z} &= \boldsymbol{CX} \end{aligned}\right\} \tag{5-50}$$

$$\left.\begin{aligned} \dot{\boldsymbol{X}}_1 &= \boldsymbol{A}_1\boldsymbol{X}_2 \\ \dot{\boldsymbol{X}}_2 &= \boldsymbol{A}_2\boldsymbol{X}_1 + \boldsymbol{B}_1 u \\ \boldsymbol{Y} &= \boldsymbol{C}_1\boldsymbol{X}_1 \end{aligned}\right\} \tag{5-51}$$

式中相关参数见式(5-45)～式(5-49)。本节基于式(5-50)所示的二级倒立摆模型，根据先进控制方法进行控制器设计，基于式(5-51)所示的二级倒立摆模型，根据高增益观测器进行观测器设计。

注释 5-1 本节未给出详细建模过程，详细过程读者可参考相关文献。

从式(5-46)或式(5-49)所示的系统模型可以看出，该实验系统能够采集的信息为小车位置和摆杆1、摆杆2的角度，对于小车速度与摆杆1角速度、摆杆2角速度是不可测量的，因此，基于现代控制理论进行控制器设计时，需要采用观测器实现对系统不可测状态的有效估计，进而利用现代控制理论进行控制器设计。

5.2.2 系统阶跃响应分析和可控性分析

1. 系统的阶跃响应分析

上面已经得到系统的状态方程式，对其进行阶跃响应分析，在 MATLAB 脚本文件中键入以下命令，结果如图 5-5 所示。

```
clear;
A = [0 0 0 1 0 0;
     0 0 0 0 1 0;
     0 0 0 0 0 1;
     0 0 0 0 0 0;
     0 52.7970 -16.1000 0 0 0;
     0 -47.5267 -43.9288 0 0 0];
B = [0;0;0;1;3.7407;0.5970];
C = [1 0 0 0 0 0;
     0 1 0 0 0 0;
     0 0 1 0 0 0];
D = [0;0;0];
step(A,B,C,D);
```

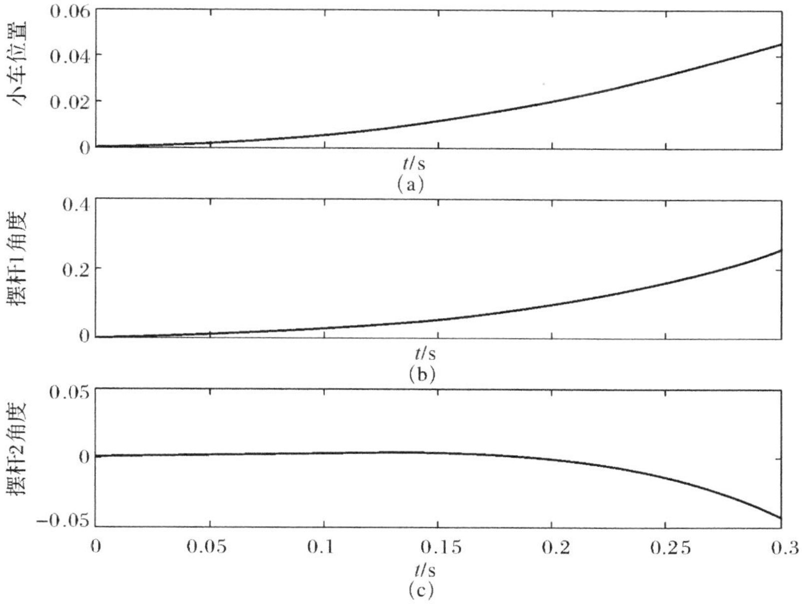

图 5－5　小车位置和摆杆角度阶跃响应曲线

(a) 小车位置响应曲线；(b) 摆杆 1 角度响应曲线；(c) 摆杆 2 角度响应曲线

可以看出，在单位阶跃响应作用下，小车位置和摆杆 1、摆杆 2 角度都是发散的，即系统是不稳定的。

2. 系统可控性分析

在5.1.3节已经了解了系统可控性的判断条件。下面我们利用MATLAB计算系统状态可控性矩阵和输出可控性矩阵的秩：

```
clear;
A = [0 0 0 1 0 0;
     0 0 0 0 1 0;
     0 0 0 0 0 1;
     0 0 0 0 0 0;
     0 52.7970 -16.1000 0 0 0;
     0 -47.5267 -43.9288 0 0 0];
B = [0;0;0;1;3.7407;0.5970];
    C = [1 0 0 0 0 0;
    0 1 0 0 0 0;
    0 0 1 0 0 0];
D = [0 0 0]';
cona = [B A*B A^2*B A^3*B A^5*B];
cona2 = [C*B C*A*B C*A^2*B C*A^3*B C*A^4*B C*A^5*B D];
rank(cona)
rank(cona2)
Uc = ctrb(A,B);
Vo = obsv(A,C);
```

从计算结果可以看出,系统的状态完全可控性矩阵的秩(6) 等于系统的状态变量维数(6),系统的输出完全可控性矩阵的秩(3) 等于系统输出向量 $\boldsymbol{y}$ 的维数(3),所以系统是能控且能观的,因此可以对系统进行控制器的设计,使系统稳定。

5.3 本章小结

本章采用牛顿-欧拉法与拉格朗日法,对直线一级倒立摆和直线二级倒立摆进行数学模型构建,通过给定系统模型参数,利用 MATLAB 进行了系统阶跃响应与可控性分析。

第6章　直线一级倒立摆控制系统设计与实验验证

6.1　基于自适应滑模与自抗扰的倒立摆控制器设计

6.1.1　自适应滑模控制器设计

一级倒立摆系统自适应滑模控制器设计任务为：设计滑动变量 s，使得当 $s\to 0$ 时，误差 $e\to 0$，$\dot{e}\to 0$；设计控制器 u，使得滑动变量 s 在有限时间内趋近于滑模面 $s=0$；设计自适应参数，使得系统具有对外界干扰具有更好的鲁棒性；所设计的自适应滑模控制器要使得滑动摆杆偏角 x_1 在有限时间内收敛于0的邻域内，小车位移 x_3 跟踪期望位移 x_d，且具有一定抗干扰能力。

首先定义误差：

$$\left.\begin{aligned}
e &= -x_1 \\
\dot{e} &= -x_2 \\
e_0 &= \int_0^t e\mathrm{d}\tau \\
e_x &= x_d - x_3 \\
\dot{e}_x &= -x_4 \\
e_{x_0} &= \int_{x_0}^t e\mathrm{d}\tau
\end{aligned}\right\} \tag{6-1}$$

式中：x_d 为期望小车位移。

对于一级倒立摆，设计滑模面：

$$s = \dot{e} + k_{p1}e + k_{I1}e_0 + \dot{e}_x + k_{p2}e_x + k_{I2}e_{x_0} \tag{6-2}$$

设计控制器：

$$u = \frac{1}{\cos x_1}\{Q - [\varepsilon\mathrm{sgn}(s) + ks - k_{p1}x_2 + k_{I1}e - \dot{x}_4 - k_{p2}x_4 + k_{I2}e_x]LN\} \tag{6-3}$$

$$Q = (M+m)g\sin x_1 + b\cos x_1 x_4 - mL\sin x_1\cos x_1 {x_2}^2 \tag{6-4}$$

$$N = \frac{4(M+m)}{3} - m\cos^2 x_1 \tag{6-5}$$

式中：k、ε 均为自适应参数，满足：

$$\left.\begin{aligned}&\dot{k}=\begin{cases}\omega\sqrt{\dfrac{\gamma}{2}}\operatorname{sgn}(|s|-\mu), & k>k_m\\ \eta, & k\leqslant k_m\end{cases}\\&\varepsilon=\xi k\end{aligned}\right\}\tag{6-6}$$

式中：ξ、γ、ω 为任意正常数，$\eta\geqslant 0$，μ、k_m 是任意小正常数。

定义李雅普诺夫函数

$$V=\frac{1}{2}s^2\tag{6-7}$$

则

$$\dot{V}=s\dot{s}\tag{6-8}$$

又有

$$\dot{s}=\ddot{e}+k_{p1}\dot{e}+k_{I1}e+\ddot{e}_x+k_{p2}\dot{e}_x+k_{I2}e_x=-\dot{x}_2-k_{p1}x_2+k_{I1}e-\dot{x}_4-k_{p2}x_4+k_{I2}e_x\tag{6-9}$$

将式(6-2)及式(6-3)代入式(6-9)，得

$$\dot{s}=-\varepsilon\operatorname{sgn}(s)-ks\tag{6-10}$$

则

$$\dot{V}=s\dot{s}=s[-\varepsilon\operatorname{sgn}(s)-ks]=-\varepsilon|s|-ks^2\tag{6-11}$$

当 $s\neq 0$ 时，$V>0$ 且 $\dot{V}<0$，即 $V\dot{V}<0$ 恒成立，由李雅普诺夫稳定性理论知，系统关于 $s=0$ 渐近稳定。

6.1.2 自抗扰控制器设计

针对倒立摆系统[见式(5-26)]的期望小车位移 x_d 设计如下离散微分跟踪微分器：

$$\left.\begin{aligned}&v_1(k+1)=v_1(k)+hv_2(k)\\&v_2(k+1)=v_2(k)+h\operatorname{fhan}(v_1(k)-x_d(k),v_2(k),r_0,h_0)\end{aligned}\right\}\tag{6-12}$$

式中：r_0、h_0 为函数控制参量；v_1 跟踪期望位置输入 x_d；v_2 跟踪期望速度输入 $\dot{x}_d$。最速综合函数 $\operatorname{fhan}(x_1,x_2,r_0,h_0)$ 同式(2-15)。

针对摆杆角度 x_1 及摆杆角速度 x_2 组成的系统[见式(5-26)]设计非线性扩张状态观测器：

$$\left.\begin{aligned}&\varepsilon_1=z_1-y\\&\dot{z}_1=z_2-\beta_1\varepsilon_1\\&\dot{z}_2=z_3-\beta_2\operatorname{fal}(\varepsilon_1,a_2,\delta_1)+b_0u\\&\dot{z}_3=-\beta_3\operatorname{fal}(\varepsilon_1,a_3,\delta_1)\end{aligned}\right\}\tag{6-13}$$

式中：β_1、β_2、β_3、δ_1、a_2、a_3 为可调参数。那么，z_1 观测状态变量 x_1；z_2 观测状态变量 x_2；z_3 观测总扰动。

为了实现对摆杆角度与小车位移的同时控制，设计线性误差反馈控制器：

$$u_0=-k_1z_1-k_2z_2+k_3e_x+k_4\dot{e}_x\tag{6-14}$$

式中：k_1、k_2、k_3、k_4 为比例系数，均大于 0。

则生成控制量：

$$u = u_0 - z_3/b_0 \tag{6-15}$$

由离散跟踪微分器［见式(6-12)］、非线性扩张状态观测器［见式(6-13)］、线性误差反馈控制器［见式(6-14)］组成的一级倒立摆 ADRC 仿真结构图如图 6-1 所示。

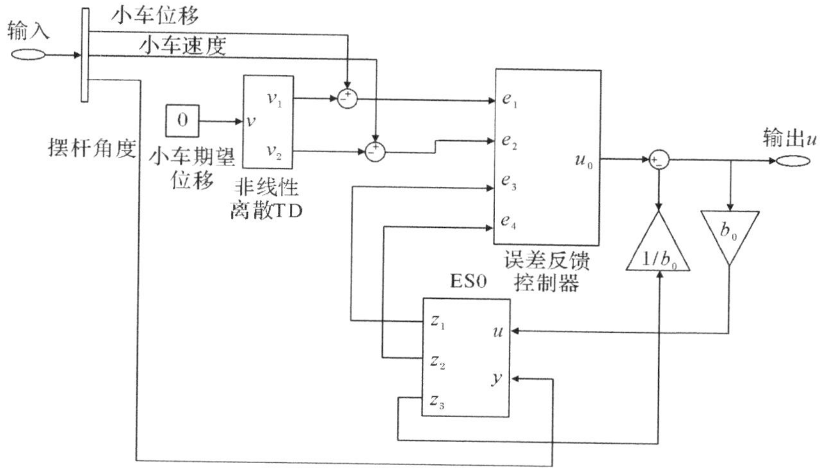

图 6-1　一级倒立摆 ADRC 仿真结构图

6.1.3　仿真分析

将自适应滑模控制器［见式(6-3)］应用于倒立摆系统［见式(5-26)］进行仿真。系统状态初始值取 $[x_1(0), x_2(0), x_3(0), x_4(0)] = [0.2, 0, 0.03, 0]$；小车期望位移 $x_d = 0$；控制器参数取 $k(0) = 0.4, \xi = 0.3, \gamma = 5, \omega = 0.8, \eta = 0, \mu = 0.2, k_m = 0.4$。仿真结果图如图 6-2 ～ 图 6-7 所示。

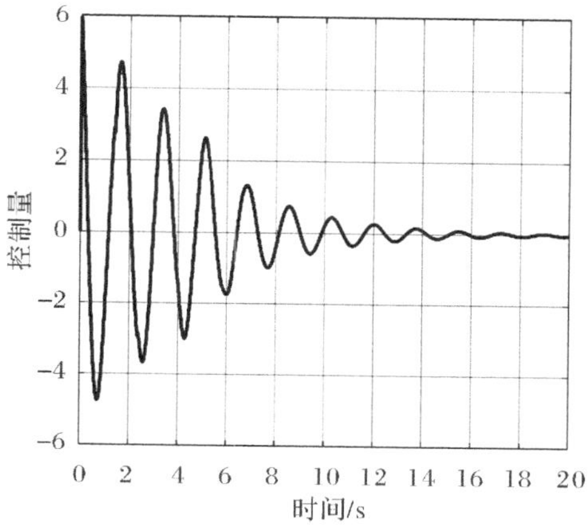

图 6-2　控制量 u 的变化曲线

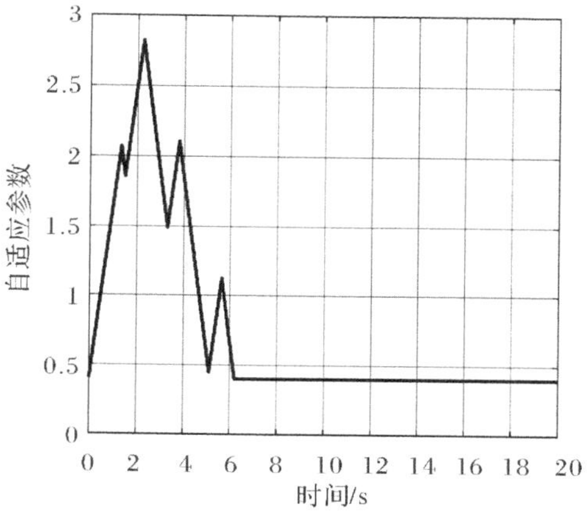

图 6-3　自适应参数 k 的变化曲线

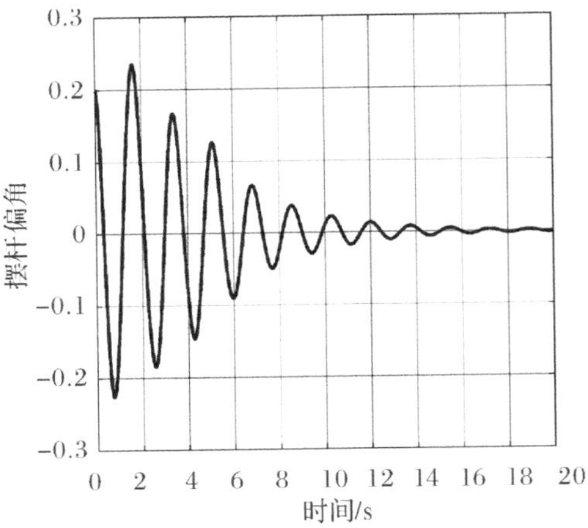

图 6-4　摆杆偏角 φ 的变化曲线

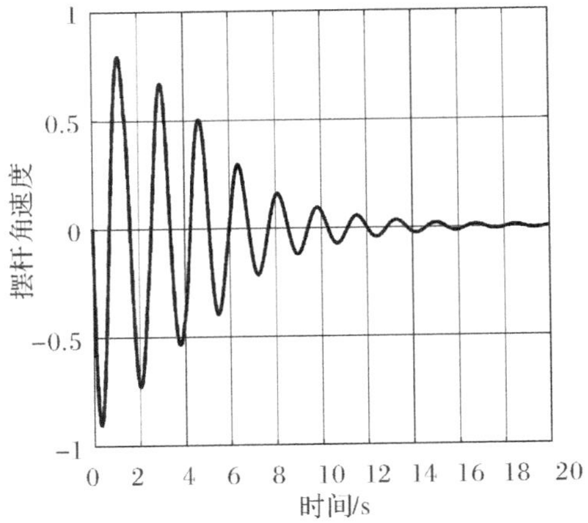

图 6-5　摆杆角速度 $\dot{\varphi}$ 的变化曲线

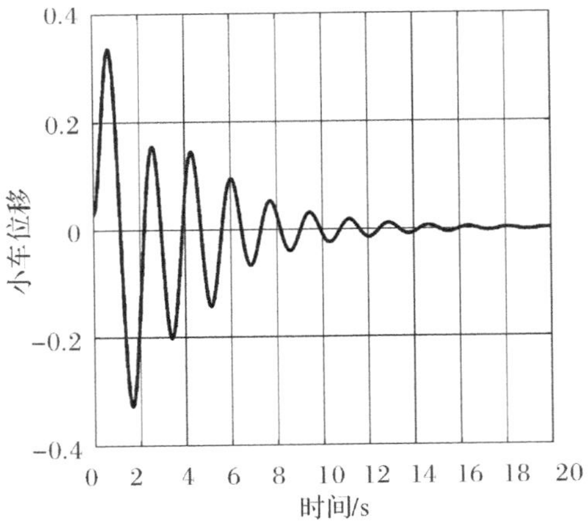

图 6-6　小车位移 x 的变化曲线

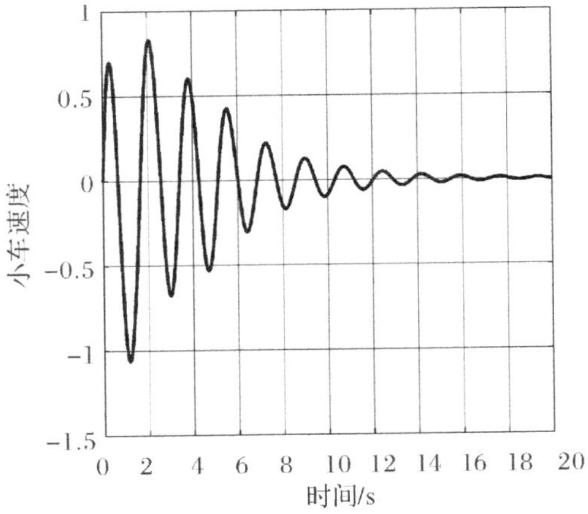

图 6-7　小车速度 $\dot{x}$ 的变化曲线

搭建自抗扰控制器 Simulink 模型，如图 6-8 所示，将倒立摆系统[见式(5-26)]线性化后进行仿真。系统状态初始值取 $[x_1(0), x_2(0), x_3(0), x_4(0)] = [0.2, 0, 0.03, 0]$；小车期望位移 $x_d = 0$；离散跟踪微分器参数取 $h = 0.01, h_0 = 0.01, r_0 = 100$；非线性扩张状态观测器参数取 $\beta_1 = 50, \beta_2 = 50^2/3, \beta_3 = 50^3/32, \delta_1 = 0.05, a_2 = 0.5, a_3 = 0.25$；误差反馈控制器参数取 $k_1 = 65, k_2 = 11, k_3 = 10, k_4 = 20, b_0 = 3$。仿真结果图如图 6-9 ～ 图 6-14 所示。

根据图 6-2 ～ 图 6-7 可以看出，所设计的自适应滑模控制器[见式(6-3)]及由离散跟踪微分器[见式(6-12)]、非线性扩张状态观测器[见式(6-13)]、线性误差反馈控制器[见式(6-14)]组成的自抗扰控制器均能使得一级倒立摆的摆杆角度和小车位移在有限时间内趋于稳定，且系统状态变换曲线连续平滑，无明显抖振现象，控制量在合理范围内，均具有良好控制效果。对于本次仿真，仅考虑系统收敛速度，自抗扰控制器的控制效果更好，但两控制器的综合性能比较需要进一步实验考察。

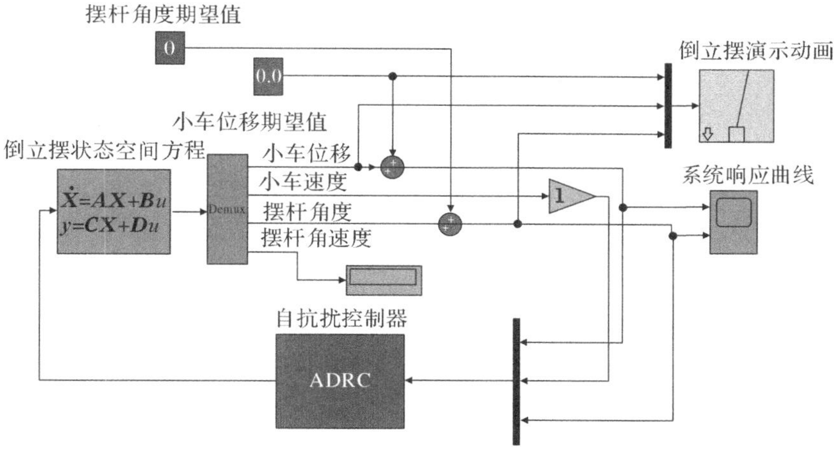

图 6-8　一级倒立摆 ADRC 控制仿真模型

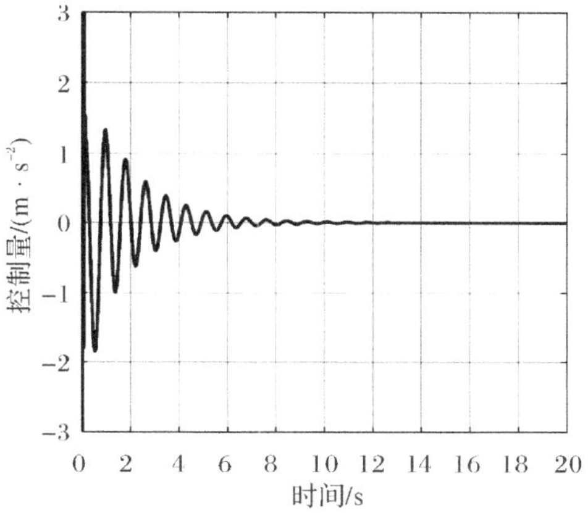

图 6-9　控制量 u 的变化曲线

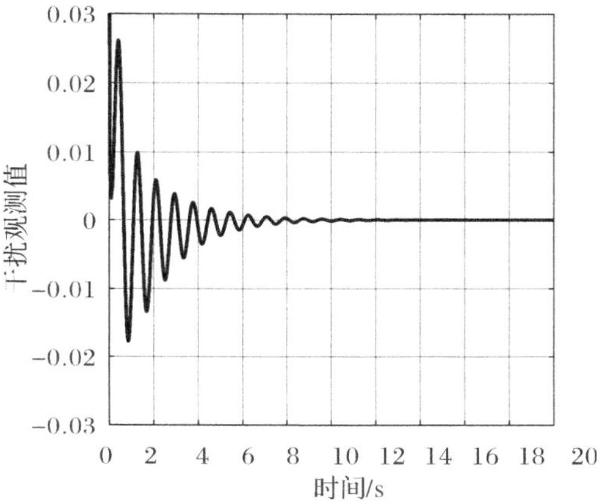

图 6-10　系统干扰曲线

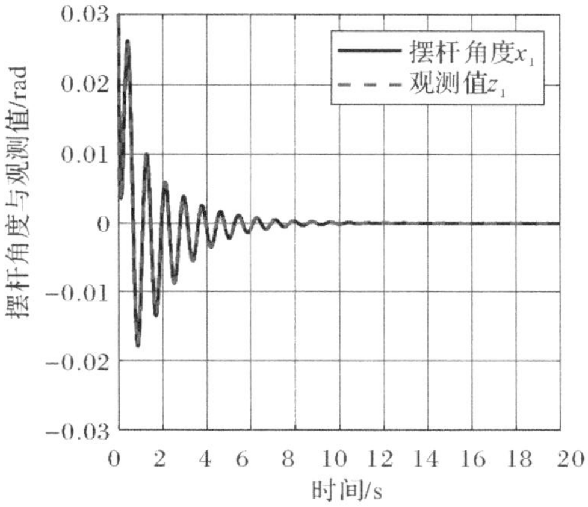

图 6-11　摆杆角度 x_1 与观测值 z_1 的变化曲线

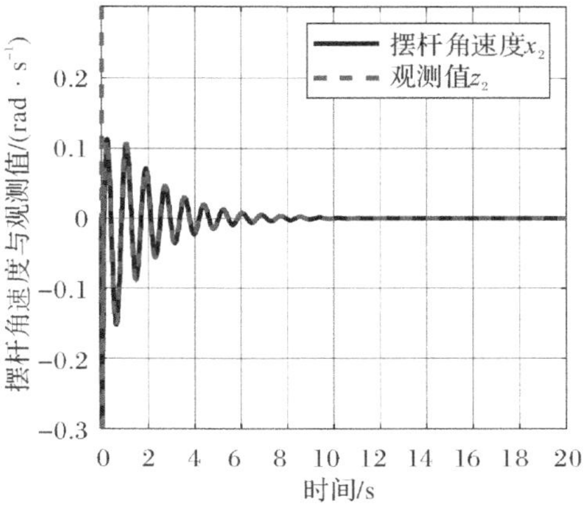

图 6-12　摆杆角速度 x_2 与观测值 z_2 的变化曲线

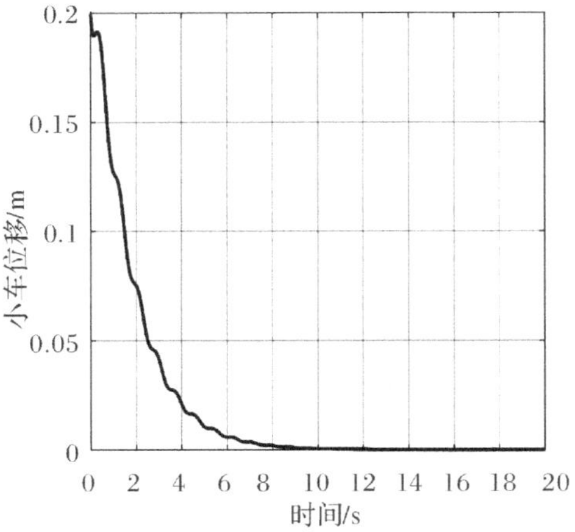

图 6-13 小车位移的变化曲线

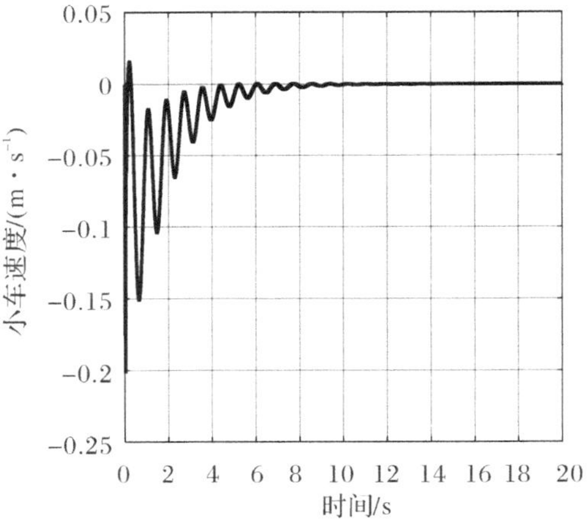

图 6-14 小车速度的变化曲线

6.1.4 实验验证

利用便携式一级倒立摆实验装置，对自适应滑模控制器[见式(6-3)]及由离散跟踪微分器[见式(6-12)]、非线性扩张状态观测器[见式(6-13)]、线性误差反馈控制器[见式(6-14)]组成的自抗扰控制器进行实验验证。

滑模控制器的输入为系统状态$[x_1, x_2, x_3, x_4]$及自适应参数k，输出为控制量u及自适应参数变化率$\dot{k}$。控制器参数取$k(0)=0.02$，$\xi=0.3$，$\gamma=5$，$\omega=0.8$，$\eta=0$，$\mu=0.02$，$k_m=0.4$进行实验。小车期望位移$x_d=-0.1$。实验采集的摆杆角度、小车位移、自适应参数及控制量的曲线如图6-15～图6-18所示。图6-19所示为便携式一级倒立摆稳定姿态。

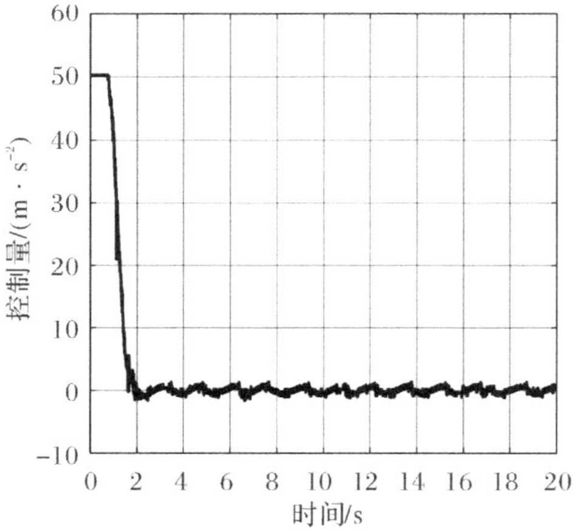

图 6-15 控制量 u 的变化曲线

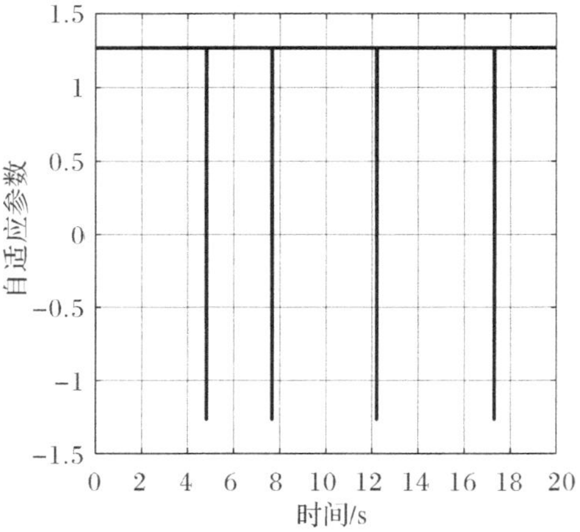

图 6-16 自适应参数 k 的变化曲线

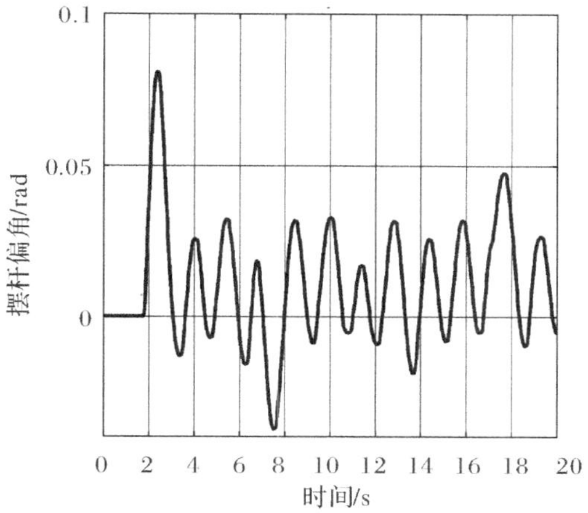

图 6-17　摆杆偏角 φ 的变化曲线

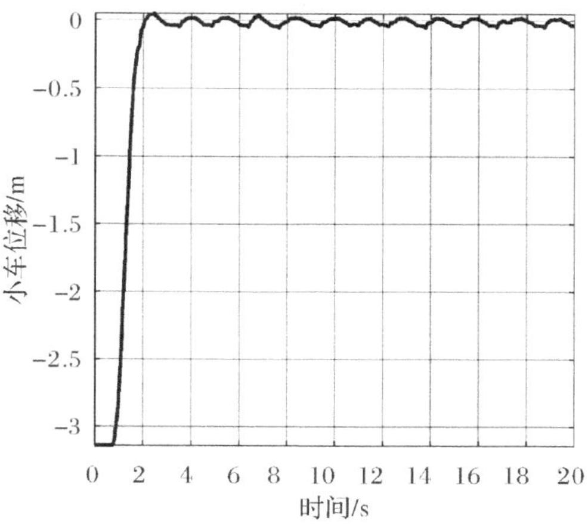

图 6-18　小车位移 x 的变化曲线

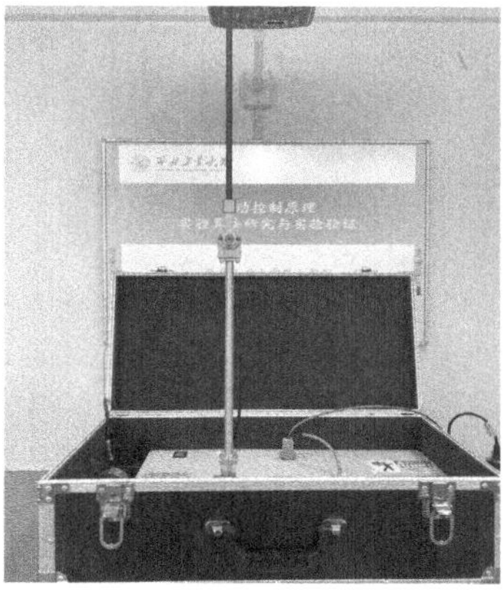

图 6-19　便携式一级倒立摆稳定姿态

自抗扰控制器的输出为控制量 u，输入为系统状态 $[x_1, x_2, x_3, x_4]$。离散跟踪微分器参数取 $h=0.01, h_0=0.01, r_0=100$；非线性扩张状态观测器参数取 $\beta_1=30, \beta_2=30^2/3, \beta_3=30^3/32, \delta_1=0.05, a_2=0.5, a_3=0.25$；误差反馈控制器参数取 $k_1=65, k_2=11, k_3=10, k_4=20, b_0=5$ 进行实验。小车期望位移 $x_d=-0.1$。根据实验数据绘制的曲线如图 6-20～图 6-24 所示。

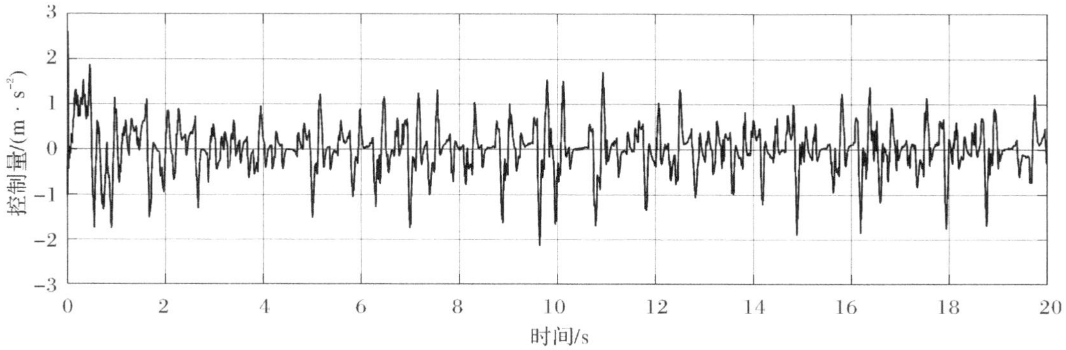

图 6-20　控制量 u 的变化曲线

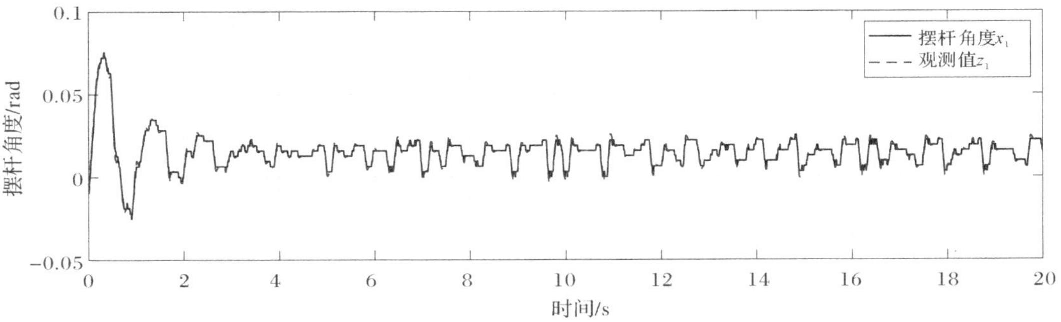

图 6-21　摆杆角度的变化曲线

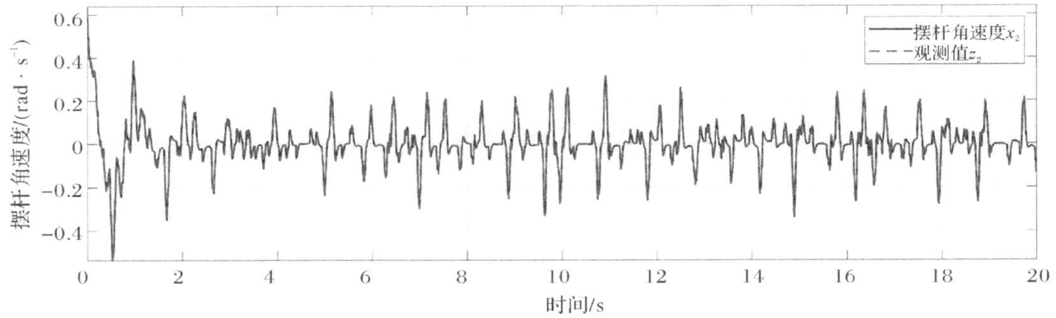

图 6-22　摆杆角速度的变化曲线

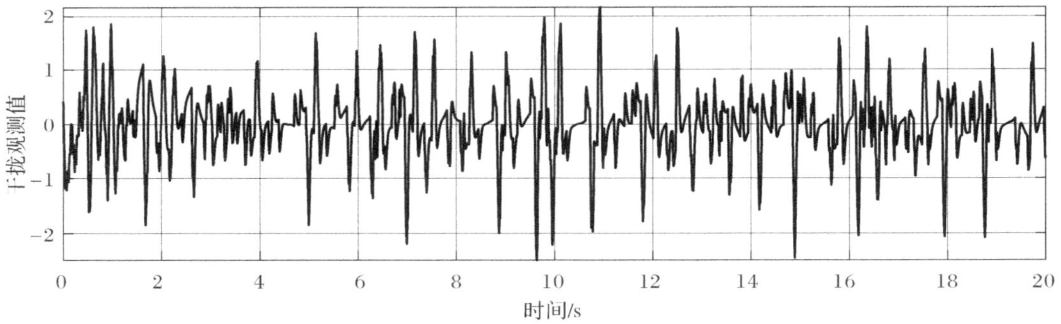

图 6-23　系统干扰曲线

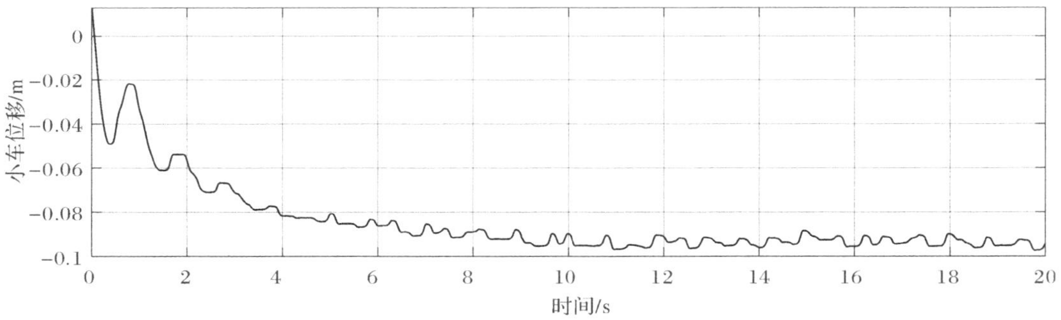

图 6-24　小车位移的变化曲线

由图 6-20～图 6-24 可以看出，采用自适应滑模控制方法与自抗扰控制方法均能使便携式一级倒立摆的摆杆偏角稳定、小车位移稳定在期望位移附近。但相对于仿真，实验过程中具有更多的不确定干扰因素，如机械摩擦、执行机构惯性延迟、空气阻力及制造工艺误差等，这导致摆杆角度及小车位移在期望值附近小幅波动，在实验中是不可避免的。此外，自适应滑模控制器的收敛速度快，但控制量略有抖振。由于自抗扰控制器采用了非线性 ESO，系统的抖振现象较为明显。

6.2　基于卡尔曼滤波与滑模控制的倒立摆控制器设计

6.2.1　连续时间卡尔曼滤波方程

根据系统模型可知，实际系统模型包含过程噪声和测量噪声，因此，为了降低噪声对系统状态的影响，采用卡尔曼滤波理论对系统模型进行滤波。另外，众所周知，对于倒立摆系统，基于现代控制理论进行控制器设计时，需要利用系统的所有状态信息进行控制器设计。但是，对于本节采用的倒立摆实验装置，只能测量小车的位移与摆杆的角度，采用现代控制理论进行控制器设计存在困难。因此，针对上述问题，本节采用连续时间系统卡尔曼滤波方法（系统模型为连续模型）降低噪声对系统状态的影响，同时获取系统的全部状态信息，方便控制器设计。连续时间卡尔曼滤波算法为

$$\boldsymbol{K}(t)=\boldsymbol{P}(t)\boldsymbol{C}^{\mathrm{T}}\boldsymbol{r}^{-1}(t) \tag{6-16}$$

$$\dot{\hat{\boldsymbol{X}}}(t)=\boldsymbol{A}\hat{\boldsymbol{X}}(t)+\boldsymbol{B}u(t)+\boldsymbol{K}(t)[\boldsymbol{Z}(t)-\boldsymbol{C}\hat{\boldsymbol{X}}(t)] \tag{6-17}$$

$$\dot{\boldsymbol{P}}(t)=\boldsymbol{A}\boldsymbol{P}(t)+\boldsymbol{P}(t)\boldsymbol{A}^{\mathrm{T}}-\boldsymbol{K}(t)r(t)\boldsymbol{K}^{\mathrm{T}}(t)+\boldsymbol{G}q(t)\boldsymbol{G}^{\mathrm{T}} \tag{6-18}$$

式中：$\boldsymbol{K}(t)$ 为卡尔曼滤波增益矩阵；$\boldsymbol{P}(t)$ 为协方差矩阵。连续时间卡尔曼滤波状态估计框图如图 6-25 所示。

根据连续卡尔曼滤波原理及状态估计框图可以看出，通过卡尔曼滤波，不仅可以降低噪声对系统状态的影响，而且可以对系统状态进行估计。因此，通过卡尔曼滤波，为后续基于现代控制理论进行控制器设计提供了便利。

下面将基于滤波得到的系统状态估计信息 $\hat{\boldsymbol{X}}(t)$ 进行控制器设计。

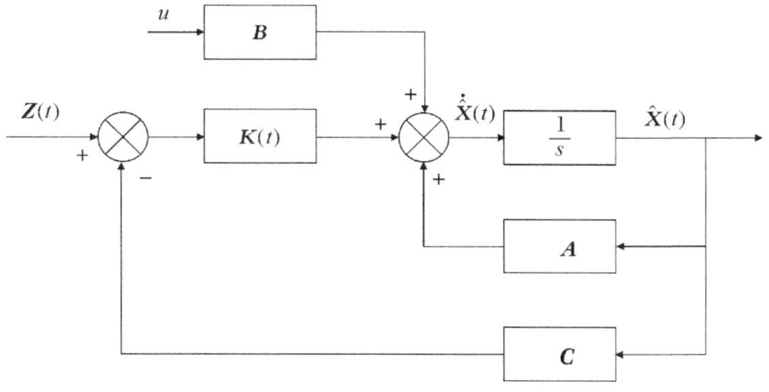

图 6-25 连续时间卡尔曼滤波状态估计框图

6.2.2 滑模控制器设计

1.控制器设计

滑模变结构控制的运动过程可由两个阶段组成:第一阶段是趋近阶段,它完全位于滑模面之外,或者有限次地穿过滑模面;第二阶段是滑动模态阶段,完全位于滑模面上的滑动模态区。因此,可将滑模变结构控制 $u(\hat{\boldsymbol{X}}(t),t)$ 分为切换控制与等效控制,即 $u_n(\hat{\boldsymbol{X}}(t),t)$ 与 $u_{eq}(\hat{X}(t),t)$。

本节针对式(6-17)所示模型,采用线性滑模面:

$$s(\hat{\boldsymbol{X}}(t),t)=\boldsymbol{H}\hat{\boldsymbol{X}}(t) \tag{6-19}$$

式中:$s(\hat{\boldsymbol{X}}(t),t)$为设计的滑模面,是关于状态与时间的函数;$\boldsymbol{H}=[h_1,h_2,h_3,h_4]$为适维矩阵。在滑模控制中,参数 h_1、h_2、h_3、h_4 应满足 $h_4p^3+h_3p^2+h_2p+h_1=0$ 为赫尔维茨多项式,其中 p 为拉普拉斯算子。根据 $\boldsymbol{H}$ 的表达式可以看出,所设计的滑模面可进行等比缩放。

为使系统能快速接近切换面,并且改善其抖振现象,采用如下新型趋近律:

$$\dot{s}=-\varepsilon\mathrm{fal}(s,\eta,\delta)-k\mathrm{arsh}(s) \tag{6-20}$$

式中:

$$\mathrm{fal}(s,\eta,\delta)=\begin{cases}|s|^{\eta}\mathrm{sign}(s), & |s|>\delta\\ \dfrac{s}{\delta^{1-\eta}}, & |s|\leqslant\delta\end{cases} \tag{6-21}$$

式中:arsh 为反双曲正弦函数;$0<\delta<1$;$\eta>0$;$\varepsilon>0$;δ 为 $\mathrm{fal}(s,\eta,\delta)$ 在原点附近正负对称线性段的区间长度,并且 $\mathrm{fal}(s,\eta,\delta)$ 为非连续函数。

针对本节设计的滑模面与趋近律,设计的控制器为

$$u(\hat{\boldsymbol{X}}(t),t)=u_{eq}(\hat{\boldsymbol{X}}(t),t)+u_n(\hat{\boldsymbol{X}}(t),t) \tag{6-22}$$

$$u_{eq}(\hat{\boldsymbol{X}}(t),t)=-(\boldsymbol{HB})^{-1}\boldsymbol{HA}\hat{\boldsymbol{X}}(t) \tag{6-23}$$

$$u_n(\hat{\boldsymbol{X}}(t),t)=-(\boldsymbol{HB})^{-1}[\varepsilon\mathrm{fal}(s,\eta,\delta)+k\mathrm{arsh}(s)] \tag{6-24}$$

2.稳定性证明

证明 选择如下的李雅普诺夫函数:

$$V=\frac{1}{2}s^2(\hat{\boldsymbol{X}}(t),t) \tag{6-25}$$

对式(6-25)求导,可得

$$\begin{aligned}\dot{\boldsymbol{V}}&=s(\hat{\boldsymbol{X}}(t),t)\dot{s}(\hat{\boldsymbol{X}}(t),t)=s(\hat{\boldsymbol{X}}(t),t)\boldsymbol{H}\dot{\hat{\boldsymbol{X}}}(t)=\\&s(\hat{\boldsymbol{X}}(t),t)\boldsymbol{H}(\boldsymbol{A}\hat{\boldsymbol{X}}(t)+\boldsymbol{B}\boldsymbol{u})\end{aligned} \tag{6-26}$$

将设计的控制器式代入式(6-26),可得

$$\begin{aligned}\dot{V}&=s(\hat{\boldsymbol{X}}(t),t)[\boldsymbol{HA}\hat{\boldsymbol{X}}(t)+\boldsymbol{HB}\boldsymbol{u}]=\\&s(\hat{\boldsymbol{X}}(t),t)[\boldsymbol{HA}\hat{\boldsymbol{X}}(t)-\boldsymbol{HA}\hat{\boldsymbol{X}}(t)-\varepsilon\mathrm{fal}(s,\eta,\delta)-k\mathrm{arsh}(s)]=\\&-s(\hat{\boldsymbol{X}}(t),t)[\varepsilon\mathrm{fal}(s,\eta,\delta)+k\mathrm{arsh}(s)]\leqslant 0\end{aligned} \tag{6-27}$$

因此，本节设计的控制器渐进稳定。

6.2.3　仿真分析

1. 计算机仿真

本节针对系统模型，采用本节设计的控制器进行仿真验证。滑模面参数：$\delta = 0.02, k = 6, \eta = 0.5, \varepsilon = 0.01$。设定小车跟踪位置为 $x = 0$ m，摆杆角度为 $\varphi = 0°$。噪声方差：$q(t) = \mathrm{diag}(0.001, 0.001, 0.0001, 0.0001), r(t) = \mathrm{diag}(0.01, 0.001)$。

根据上述仿真参数，仿真结果如图 6-26 ～ 图 6-29 所示。

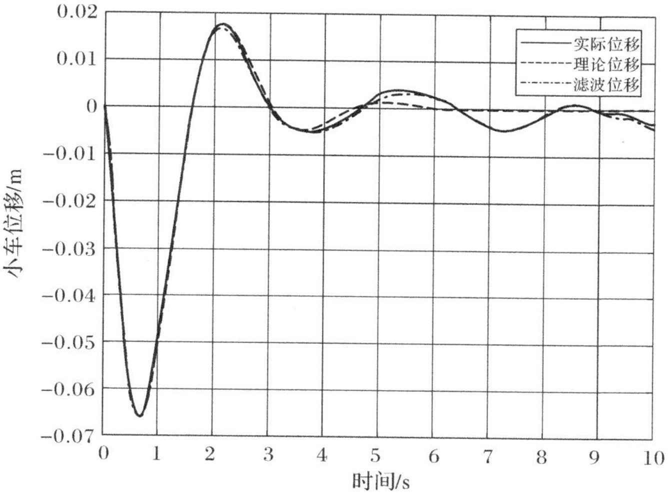

图 6-26　小车位移的变化曲线

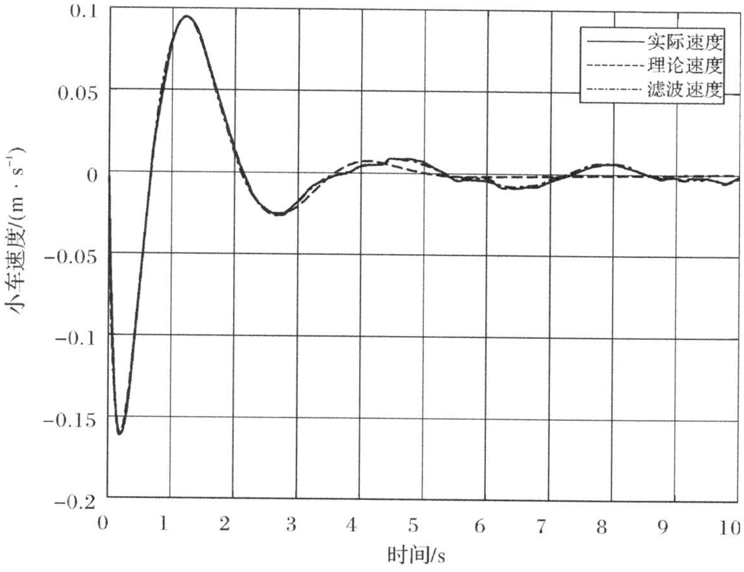

图 6-27　小车速度的变化曲线

图 6-26～图 6-29 分别为小车位移、速度、摆杆角度、摆杆角速度的变化曲线，从图中可以看出，在系统含有噪声情况下，通过卡尔曼滤波，能够获得对系统状态的高精度估计（点划线几乎与虚线重合，只是小车位移略有偏差，但是偏差在 0.005 m 范围内）。同时，能够降低噪声对系统状态的影响（如图 6-28 和图 6-29 中点划线低于实线曲线）。

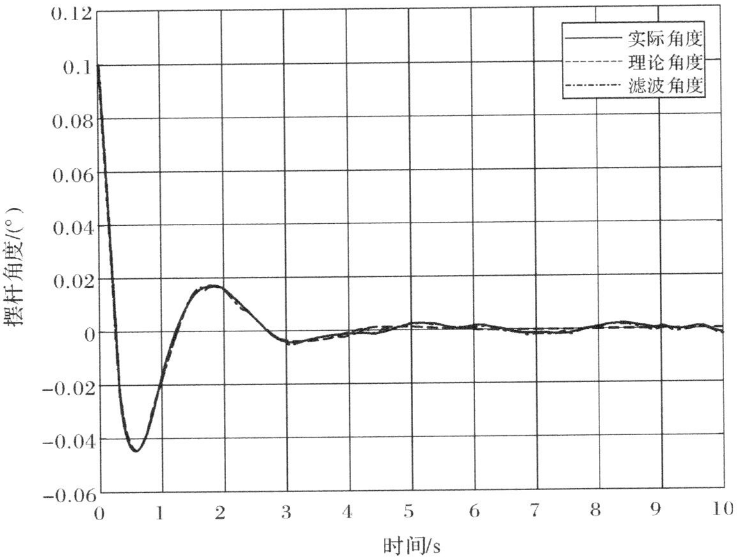

图 6-28　摆杆角度的变化曲线

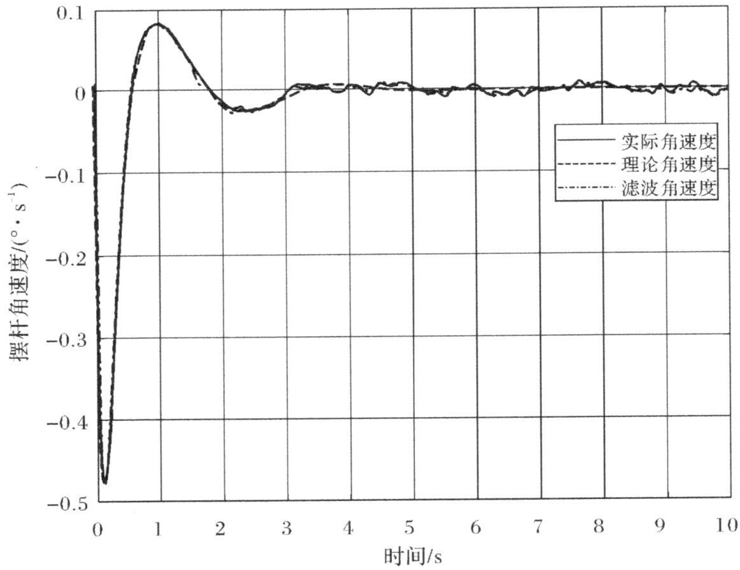

图 6-29　摆杆角速度的变化曲线

图 6－30 所示为系统控制量曲线，可以看出，在系统稳定过程中，系统控制量均很小，最大只有 2.3 m/s^2 左右。另外，从图 6-30 中可以看出，3 s 后，系统趋于稳定，但是受噪声影响，系统控制量在微小范围内存在波动现象。

图 6－31 所示为系统理论控制量变化曲线，对比图 6－30 和图 6－31 可以看出，采用卡尔曼滤波估计的系统状态进行控制器设计所得结果与采用理论状态进行控制器设计所得结果几乎相同，只是在系统稳定后，系统噪声依然对控制性能具有一定的影响。

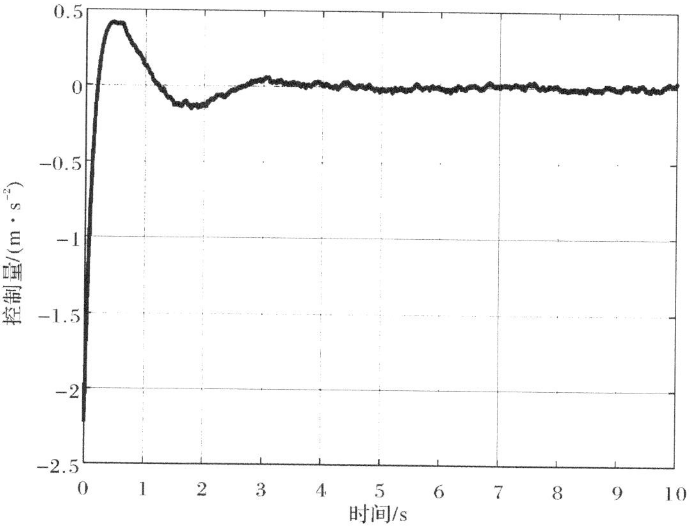

图 6－30　控制量的变化曲线

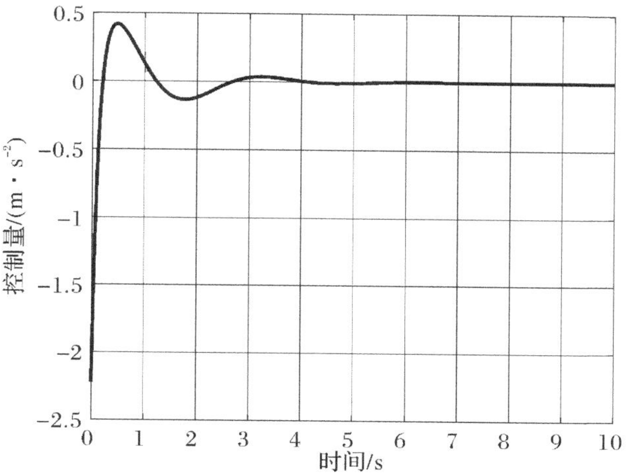

图 6－31　系统理论控制量的变化曲线

作为对比，本节给出部分文献采用 du/dt 的方式获取小车速度与摆杆角速度后进行控制实验，仿真结果如图 6－32 所示。从图中可以看出，利用微分方式获取的系统状态，采用同样的控制方法,无法实现对倒立摆系统的有效控制。

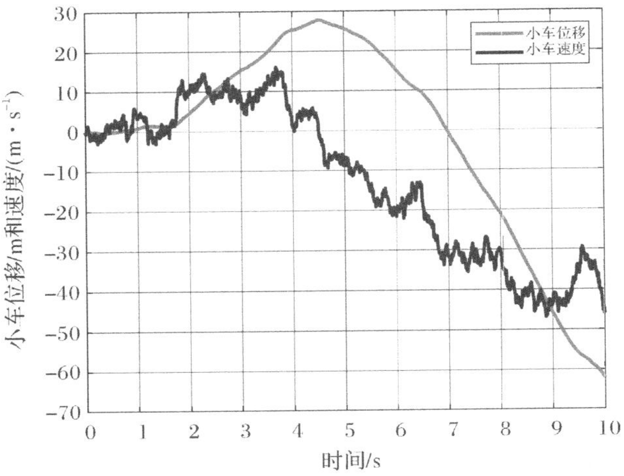

图 6-32　采用微分方式获取的系统状态仿真结果

2. 实验验证

根据本节设计的控制器,采用倒立摆实验装置进一步验证本节所设计的控制器的有效性,实验控制程序界面如图 6-33 所示(目前已实现的算法有 10 余种),实验结果如图 6-34 ~ 图 6-36 所示(设定小车跟踪位置为 0.1 m ,摆杆跟踪角度为 0°)。图 6-34 所示为实验效果图,可以看出,利用本节设计的控制器,倒立摆摆杆稳定性很好。图 6-35 所示为倒立摆实验小车位移曲线,可以看出,在实际实验时,小车不可能完全静止,会在较小的范围(±0.02 m)内来回波动。图 6-36 所示为倒立摆实验摆杆角度曲线,可以看出,摆杆控制精度非常高。

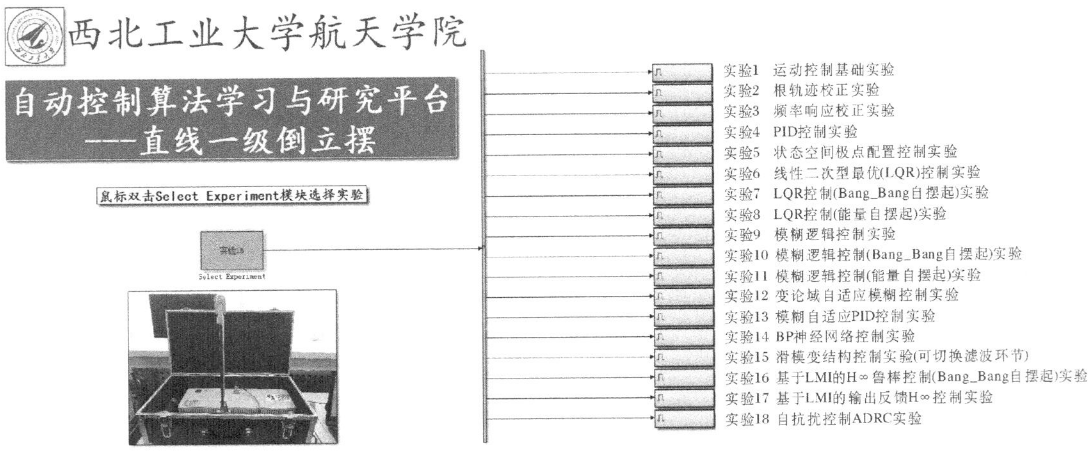

图 6-33　实验控制程序界面

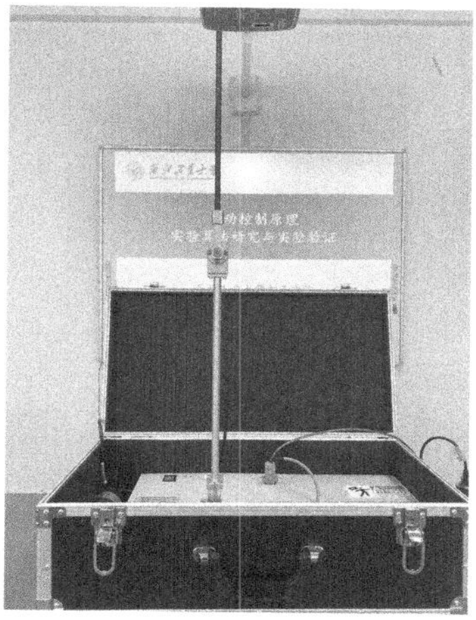

图 6-34　运行中的倒立摆实验系统

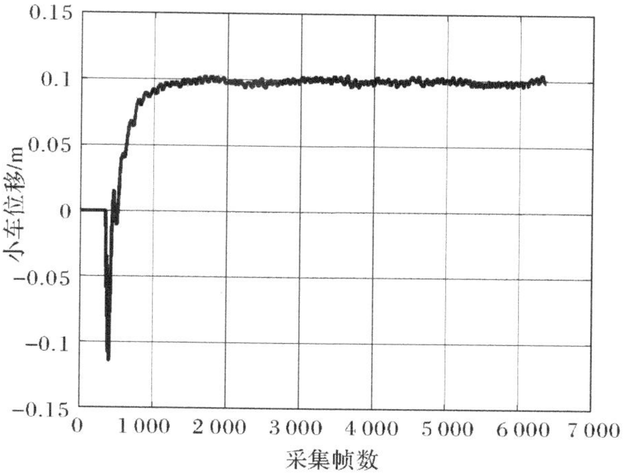

图 6-35　倒立摆实验小车位移曲线

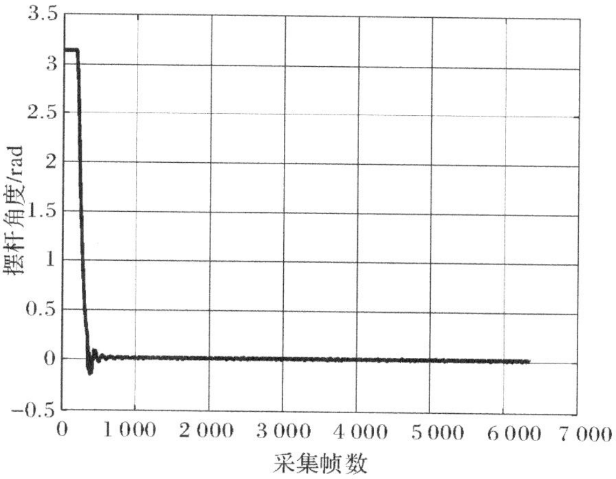

图 6-36　倒立摆实验摆杆角度曲线

注释 6-1　因本节没有给出倒立摆起摆过程，实验时用手旋转倒立摆至竖直状态，故实验开始时，输出曲线不是期望值，采集帧数约为 1 000 次后，系统进入稳定状态。

6.3　基于 BP 神经网络的倒立摆智能控制研究

6.3.1　基于 BP 神经网络的控制算法实现

1. 倒立摆数学模型建立

倒立摆是自不稳定欠驱动系统的典型代表，它可以抽象成多种动态平衡对象的基本模型，在忽略了空气流动阻力和摩擦力之后，可以将格致科技生产的直线一级倒立摆抽象简化成由小车和匀质摆杆组成的刚性系统，如图 6-37 所示。在惯性坐标系内应用经典力学理论建立其动力学方程。

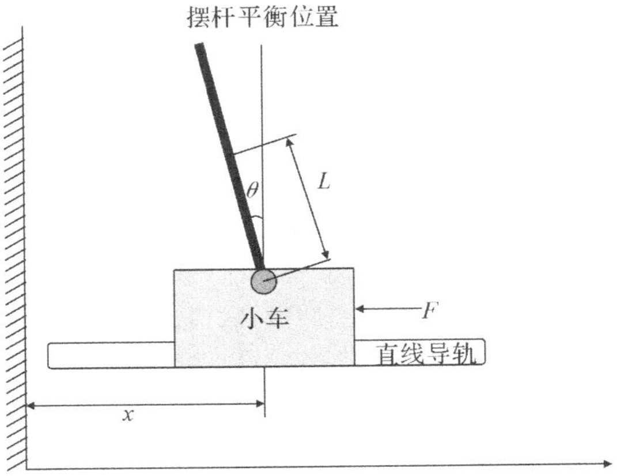

图 6-37 直线一级倒立摆建模示意图

直线一级倒立摆机理建模过程中涉及的物理参数见表 6-1。

表 6-1 直线一级倒立摆物理参数

参数名	物理意义	单位
L	摆杆质心到转动轴心的距离	m
x	小车位移	m
$\dot{x}$	小车速度	m/s
$\ddot{x}$	小车加速度	m/s^2
θ	摆杆偏离平衡位置的角度	rad
$\dot{\theta}$	摆杆偏离平衡位置的角速度	rad/s
$\ddot{\theta}$	摆杆偏离平衡位置的角加速度	rad/s^2
g	重力加速度	m/s^2

分别对小车和摆杆进行受力分析，得到水平和竖直方向力矩平衡方程，由于建模推导过程过于烦琐，考虑文章篇幅限制，在此不做具体描述。最终得到以小车加速度作为输入的系统状态空间方程：

$$\begin{bmatrix}\dot{x}\\ \ddot{x}\\ \dot{\theta}\\ \ddot{\theta}\end{bmatrix}=\begin{bmatrix}0&1&0&0\\0&0&0&0\\0&0&0&1\\0&0&\dfrac{3g}{4L}&0\end{bmatrix}\begin{bmatrix}x\\ \dot{x}\\ \theta\\ \dot{\theta}\end{bmatrix}+\begin{bmatrix}0\\1\\0\\ \dfrac{3}{4L}\end{bmatrix}\ddot{x} \tag{6-28}$$

$$\boldsymbol{y}=\begin{bmatrix}x\\ \theta\end{bmatrix}=\begin{bmatrix}1&0&0&0\\0&0&1&0\end{bmatrix}\begin{bmatrix}x\\ \dot{x}\\ \theta\\ \dot{\theta}\end{bmatrix} \tag{6-29}$$

式(6-28)和式(6-29)可以简写为

$$\left.\begin{aligned}\dot{\boldsymbol{X}}&=\boldsymbol{AX}+\boldsymbol{B}u\\ \boldsymbol{y}&=\boldsymbol{CX}\end{aligned}\right\} \tag{6-30}$$

式中，$\boldsymbol{x}$、$\boldsymbol{A}$、$\boldsymbol{B}$、$\boldsymbol{C}$、u 与式(6－28)和式(6－29)一一对应。

2. 训练样本采集

人工神经网络中最常用的学习方式是监督学习，也就是有导师学习。从国内外发表的文献来看，现代控制理论中的线性二次型最优控制(Liner Quadratic Regulator，LQR)算法是解决倒立摆控制问题的理想方案，所以本节选择 LQR 作为学习对象。LQR 的应用对象是以状态空间方程形式给出的线性系统，LQR 可以得到线性系统状态反馈的最优控制规律，易于构成闭环最优控制。

针对式(6－30)，在 MATLAB 中可直接利用 lqr 函数求得系统最优反馈增益矩阵 K。

$$K = \mathrm{lqr}(\boldsymbol{A}, \boldsymbol{B}, \boldsymbol{Q}, \boldsymbol{R}) \tag{6-31}$$

式中：加权矩阵 $\boldsymbol{Q}$ 和 $\boldsymbol{R}$ 是用来平衡状态变量和输入向量的权重；$\boldsymbol{Q}$ 是半正定矩阵；$\boldsymbol{R}$ 是正定矩阵。最后在实时控制过程中(倒立摆稳摆状态时)采集系统状态作为训练样本的输入值向量，采集控制量作为训练样本的目标输出值向量，训练样本以矩阵形式保存，如图 6－38 所示。

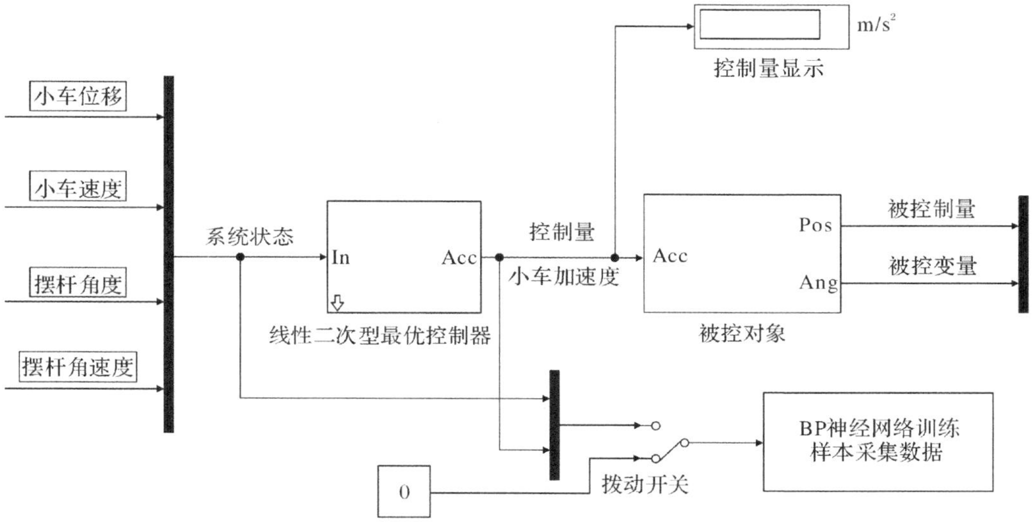

图 6－38　基于 LQR 算法的训练样本采集

训练样本采集完成后，在 MATLAB 中打开文件可以看到详细的样本数据，见表 6－2。

表 6－2　基于 LQR 算法的训练样本

	2 276	2 277	2 278	2 279	2 280	2 281	2 282	2 283	2 284
1	691×10^4	3.871 0×10^4	3.871 6×10^4	3.872 5×10^4	3.873 7×10^4	3.875 4×10^4	3.877 1×10^4	3.878 9×10^4	3.880 7×10^4
2	−0.006 9	−0.007 4	−0.007 9	−0.008 1	−0.008 1	−0.008 1	−0.008 0	−0.008 0	−0.008 1
3	−0.066 0	−0.056 5	−0.051 8	−0.018 8	0	0.004 7	0.004 7	0	−0.002 4
4	−0.006 3	−0.011 0	−0.014 1	−0.012 6	−0.011 0	−0.007 9	−0.007 9	−0.007 9	−0.007 9
5	−0.314 2	−0.471 2	−0.314 2	0.157 1	0.157 1	0.314 2	0	0	0
6	−1.071 2	−2.210 3	−1.576 2	0.597 3	0.456 1	1.371 0	−0.277 6	−0.224 2	−0.197 0

第一行数据表示时间戳，第二行数据表示小车位移，第三行数据表示小车速度，第四行数据表示摆杆角度，第五行数据表示摆杆角速度，第六行数据表示小车加速度。BP 神经网络通过对该样本数据的学习训练，获得隐藏在其数据内部的倒立摆控制规律。

3. 数据预处理

神经网络有些输入数据的范围可能比较大，导致神经网络收敛慢、训练时间长。因此在训练神经网络前一般需要对数据进行预处理，一种重要的预处理手段是归一化处理。就是将数据映射到[0,1]或[−1,1]，甚至更小的区间。一种简单而快速的归一化算法是线性转换算法，其常用公式是

$$\boldsymbol{y} = (\boldsymbol{x} - \min)/(\max - \min) \tag{6-32}$$

式中：min 为 $\boldsymbol{x}$ 最小值；max 为 $\boldsymbol{x}$ 最大值；输入向量为 $\boldsymbol{x}$；归一化后的输出向量为 $\boldsymbol{y}$。当激活函数采用 S 型函数时该公式最适用。

4. BP 神经网络 MATLAB 实现

MATLAB 中集成有实现神经网络算法的命令函数，熟悉相关命令函数的使用，便可快速创建并训练属于自己的神经网络，在 MATLAB 中实现 BP 神经网络算法的程序流程如图 6-39 所示。

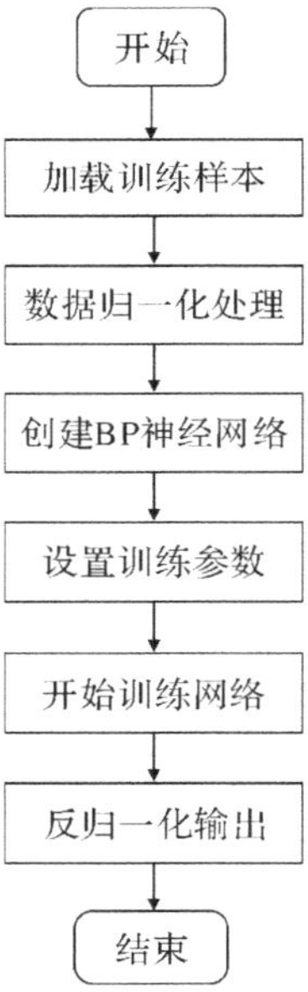

图 6-39　BP 神经网络实现程序流程图

基于 MATLAB 语言编写的实现 BP 神经网络算法的核心程序参考如下：

```
% 加载训练样本集数据文件
load TrainingSamples1.mat;
CartPos = S(2,:);CartVel = S(3,:);RodAng = S(4,:);RodVel = S(5,:);Acc
= S(6,:);
```

```
%CartPos:小车位置输入向量
%CartVel:小车速度输入向量
%RodAng:摆杆角度输入向量
%RodVel:摆杆角速度输入向量
%Acc:小车加速度期望输出向量
% 目标数据归一化处理
[output,minO,maxO] = premnmx(Acc);
% 创建 BP 神经网络
net = newff([-0.6 0.6; -1.0 1.0; -0.52 0.52; -1.5 1.5],[12 1],{'tansig'
'purelin'},'traingdx','learngdm');
% 常规网络参数设置
net.trainparam.show = 50;% 显示训练迭代过程 net.trainparam.epochs = 10000 ;%
最大训练次数
net.trainparam.goal = 0.0001 ;% 训练要求精度
net.trainParam.lr = 0.01 ;% 学习率
% 开始训练
net = train(net,input,output);
Y = sim(net,input);% 对 BP 网络进行仿真
Y = postmnmx(Y,minO,maxO);% 反归一化处理
target = [Acc,Y];
error = target(:,2) - target(:,1);% 计算误差
errminmiax = minmax(error')
gensim(net, -1);
```

运行完整程序开始训练 BP 神经网络，网络训练性能变化曲线如图 6 - 40 所示。

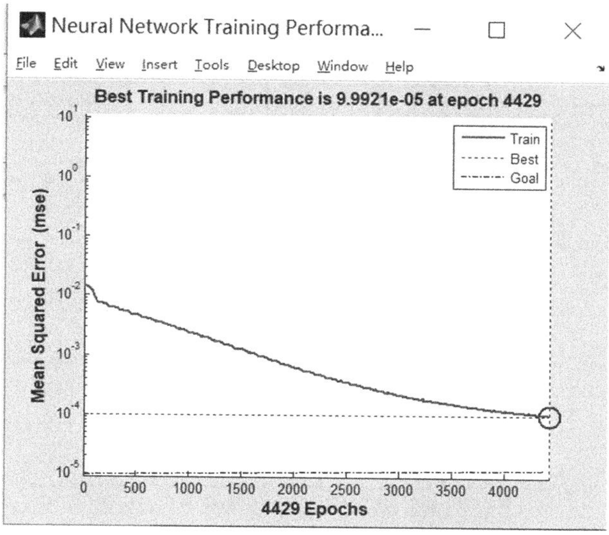

图 6 - 40　神经网络训练性能变化图

可以看出，网络迭代次数越多，性能越好，迭代至第 4 429 次时实现训练目标，即网络输出层的误差二次方和达到最小，此时会自动生成模块化描述的神经网络，也就是 BP 神经网络控制器。

6.3.2 仿真分析

1. 计算机仿真

根据倒立摆系统状态空间方程在 Simulink 中搭建基于 BP 神经网络控制器的仿真模型，系统状态作为控制器的输入，小车加速度作为控制器的输出，搭建完成的仿真模型如图 6-41 所示。

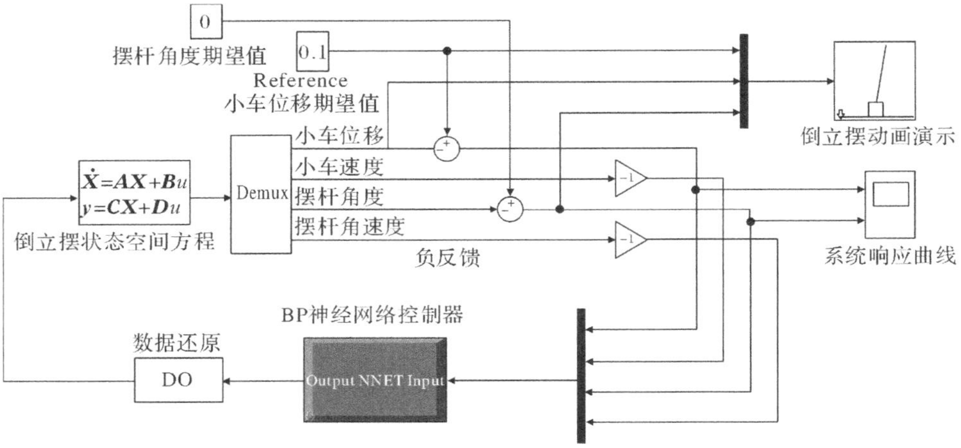

图 6-41　倒立摆 Simulink 仿真模型

运行仿真模型并观察系统响应曲线，如图 6-42 所示。图中实线表示小车位置跟踪给定值(0.1 m)的误差响应曲线，横坐标表示响应时间，单位为 s；纵坐标表示跟踪误差，单位为 m。虚线表示摆杆角度跟踪给定值(0.0 rad)响应曲线，横坐标表示响应时间，单位为 s；纵坐标表示跟踪误差，单位为 rad。

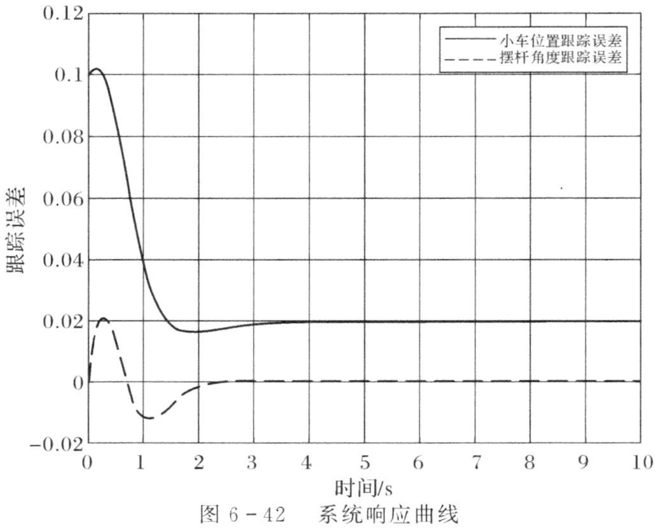

图 6-42　系统响应曲线

仿真曲线表明：在给定小车跟踪位置和角度后，系统在 3 s 内基本可以实现对期望值的稳定跟踪，小车跟踪位置误差为 0.02 m，摆杆角度误差为 0，证明了基于 LQR 训练样本训练而成的 BP 神经网络控制器有良好的稳定性和快速性。

2. 实验验证

同样在 Simulink 环境下搭建基于 BP 神经网络控制的实物控制模型，实物控制模型搭建涉及 C++ 与 Simulink 混合编程、定时器中断处理、多线程以及用户数据报协议网络通信等多种技术的综合应用。

实物控制模型可利用 S 函数实现与倒立摆底层硬件系统的连接。通过 S 函数用户可以编写自己的 Simulink 模块，而用 C 或 C++ 等高级语言编写的 S 函数还可以实现对硬件端口的操作等。

运行实物控制模型，然后将摆杆拉至平衡位置后松手，发现摆杆能保持较好的直立不倒状态，小车在初始位置左右小范围运动，给摆杆突然施加一个合适的扰动力，系统能很快恢复平衡，具有较好的鲁棒性。通过实验效果与仿真结果对比，证明了 BP 神经网络控制器设计的合理性与有效性。运行中的倒立摆实物如图 6-43 所示。

图 6-44 和图 6-45 给出了倒立摆运行过程中采集的小车位移与摆杆角度曲线。可以看出，摆杆角度稳定性很好，小车会在一个很小的范围(±0.03 m) 内来回波动。

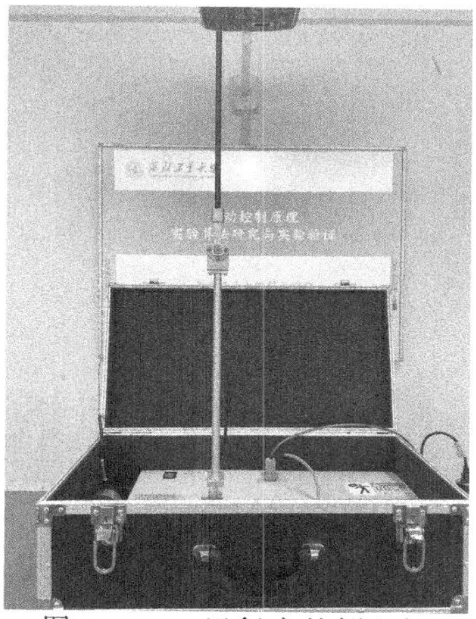

图 6-43　运行中的倒立摆

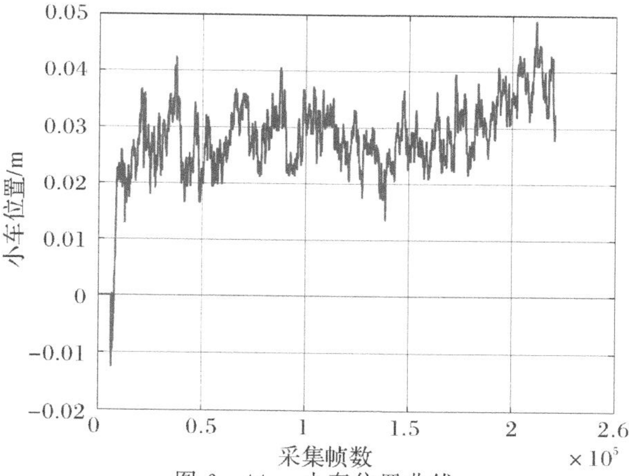

图 6-44　小车位置曲线

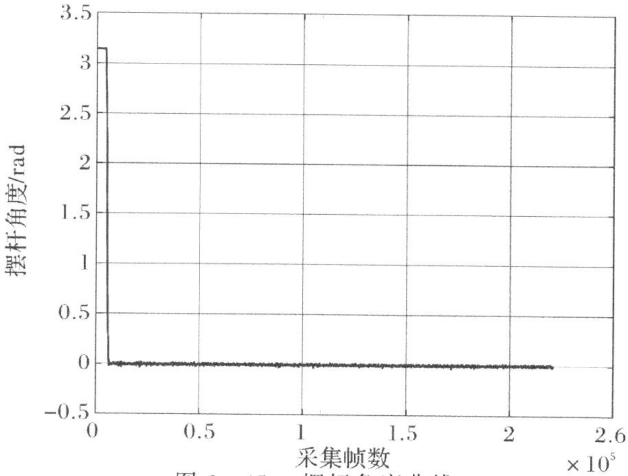

图 6-45　摆杆角度曲线

6.4 本章小结

（1）本章根据构建的一级倒立摆的数学模型，将第3章、第4章所设计的自抗扰控制器及自适应滑模控制器应用于一级倒立摆的控制问题中，分别进行了数值仿真及实验，验证了自适应滑模控制方法及自抗扰控制方法能够实现对实际不确定非线性系统的有效控制，具有工程实践价值。

（2）本章6.2节针对倒立摆控制器设计中存在的测量噪声与系统状态不完全可测的问题，基于卡尔曼滤波与滑模变结构控制理论进行了控制器设计。基于卡尔曼滤波理论，降低噪声对系统状态的影响，同时能够获取系统所有状态信息。根据获取的系统全部状态信息，基于滑模变结构控制理论进行了控制器设计。通过理论分析、计算机仿真与实验验证了6.2节设计的控制器的有效性，解决了工程应用中噪声的影响以及系统状态不完全可测的应用难题。

（3）本章6.3节介绍了一种基于BP神经网络算法的倒立摆智能控制研究方法，首先介绍了BP神经网络算法的网络模型以及基本原理，然后在惯性坐标系内应用经典力学理论建立了直线一级倒立摆的动力学模型，得到以小车加速度作为输入的系统状态空间方程，在MATLAB中利用lqr函数求得系统最优反馈增益矩阵 $\boldsymbol{K}$ 并实现了对倒立摆的稳定控制，在实时控制过程中不断采集数据样本并保存，然后用MATLAB语言编写BP神经网络训练程序，对数据样本进行训练并自动生成BP神经网络控制器模块，最后在Simulink中搭建仿真模型对系统进行仿真，通过分析仿真曲线以及实物验证，证明了BP神经网络控制器设计的合理性与有效性。

本章将智能控制算法与经典自动控制对象结合，为学生在传统的自动控制实验室学习智能控制提供了一种新的方法，能够让学生将智能控制理论知识与实际对象结合，为将来从事人工智能方面的研究与工作打下坚实的基础。

第7章　直线二级倒立摆控制系统设计与实验验证

7.1　基于高增益观测器与滑模控制的直线二级倒立摆控制器设计

7.1.1　直线二级倒立摆控制器设计

高增益观测器简言之就是根据系统的输入变量，输出一种放大较大倍数值状态变量估计值的一类状态观测器。滑模控制根据系统模型建模滑模面与趋近律设计，具有快速响应、对应参数变化及扰动不灵敏、无须系统在线辨识、物理实现简单等优点，因此，在实际中，滑模控制具有很大的应用价值。控制系统总体结构如图7-1所示。

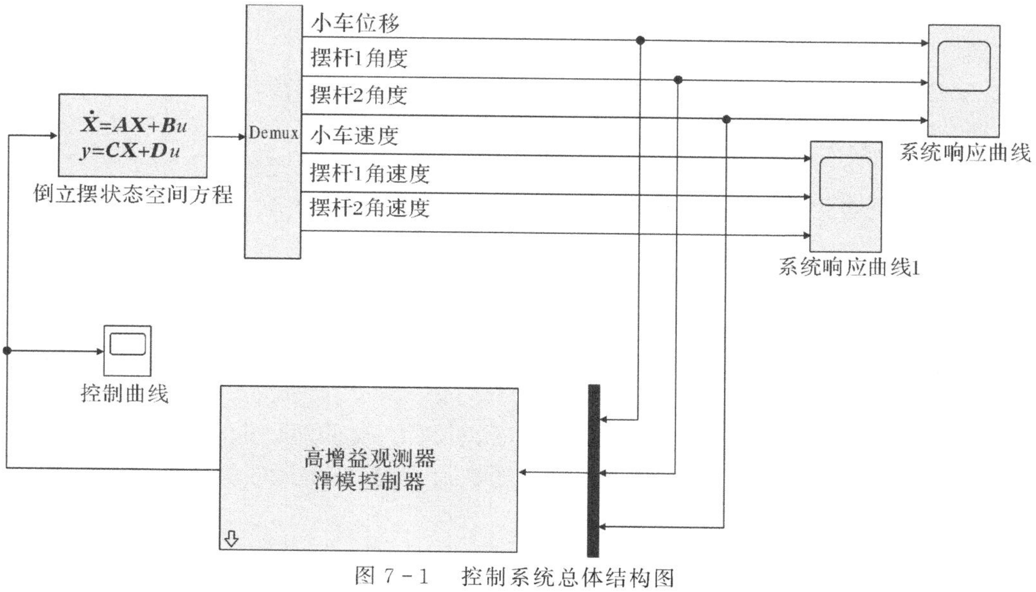

图7-1　控制系统总体结构图

从图7-1中可以看出，本节在进行控制器设计时，采用的测量信息只有小车位置、摆杆1和摆杆2角度信息，这是本节设计方法与现有控制算法的主要区别。

1. 高增益观测器设计

针对系统模型式(5-51)，设计如下观测器：

$$\left.\begin{aligned}\dot{\hat{\boldsymbol{X}}}_1 &= \boldsymbol{A}_1\hat{\boldsymbol{X}}_2 + \frac{\boldsymbol{\alpha}_1}{\varepsilon}(\boldsymbol{Y} - \hat{\boldsymbol{X}}_1)\\ \dot{\hat{\boldsymbol{X}}}_2 &= \boldsymbol{A}_2\hat{\boldsymbol{X}}_1 + \boldsymbol{B}_1 u + \frac{\boldsymbol{\alpha}_2}{\varepsilon^2}(\boldsymbol{Y} - \hat{\boldsymbol{X}}_1)\end{aligned}\right\} \tag{7-1}$$

式中：$\boldsymbol{\alpha}_1 = \mathrm{diag}(\alpha_{11}, \alpha_{12}, \alpha_{13})$，$\boldsymbol{\alpha}_2 = \mathrm{diag}(\alpha_{21}, \alpha_{22}, \alpha_{23})$，$\alpha_{ij} > 0, i = 1,2, j = 1,2,3, \varepsilon \ll 1$。

令 $\boldsymbol{H}_1 = \dfrac{\boldsymbol{\alpha}_1}{\varepsilon}$，$\boldsymbol{H}_2 = \dfrac{\boldsymbol{\alpha}_2}{\varepsilon^2}$，则式(7-1) 观测器表达式可转化为

$$\left.\begin{aligned}\dot{\hat{\boldsymbol{X}}}_1 &= \boldsymbol{A}_1\hat{\boldsymbol{X}}_2 + \boldsymbol{H}_1(\boldsymbol{Y} - \hat{\boldsymbol{X}}_1)\\ \dot{\hat{\boldsymbol{X}}}_2 &= \boldsymbol{A}_2\hat{\boldsymbol{X}}_1 + \boldsymbol{B}_1 u + \boldsymbol{H}_2(\boldsymbol{Y} - \hat{\boldsymbol{X}}_1)\end{aligned}\right\} \tag{7-2}$$

定义 $\tilde{\boldsymbol{X}}_1 = \boldsymbol{X}_1 - \hat{\boldsymbol{X}}_1$，$\tilde{\boldsymbol{X}}_2 = \boldsymbol{X}_2 - \hat{\boldsymbol{X}}_2$。根据式(5-51) 和式(7-2)，可得

$$\left.\begin{aligned}\dot{\tilde{\boldsymbol{X}}}_1 &= -\boldsymbol{H}_1\tilde{\boldsymbol{X}}_1 + \boldsymbol{A}_1\tilde{\boldsymbol{X}}_2\\ \dot{\tilde{\boldsymbol{X}}}_2 &= (\boldsymbol{A}_2 - \boldsymbol{H}_2)\tilde{\boldsymbol{X}}_1\\ \boldsymbol{Y} &= \boldsymbol{X}_1\end{aligned}\right\} \tag{7-3}$$

将式(7-3) 改写为状态空间模型，可得

$$\dot{\tilde{\boldsymbol{X}}} = \tilde{\boldsymbol{A}}\tilde{\boldsymbol{X}} \tag{7-4}$$

式中：$\tilde{\boldsymbol{A}} = \begin{bmatrix} -\boldsymbol{H}_1 & \boldsymbol{A}_1 \\ \boldsymbol{A}_2 - \boldsymbol{H}_2 & \boldsymbol{0}_{3\times 3}\end{bmatrix}$；$\tilde{\boldsymbol{X}} = \begin{bmatrix}\tilde{\boldsymbol{X}}_1 \\ \tilde{\boldsymbol{X}}_2\end{bmatrix}$。

如果取 $\tilde{\boldsymbol{A}}$ 为赫尔维茨矩阵，即 $\tilde{\boldsymbol{A}}$ 的特征值为负，设计 $\boldsymbol{H}_1$ 和 $\boldsymbol{H}_2$ 使 $\tilde{\boldsymbol{A}}$ 满足赫尔维茨矩阵，由式(7-4) 可得，$\tilde{\boldsymbol{X}}$ 将按照指数收敛。

式(7-4) 特征方程为 $|s\boldsymbol{I} - \tilde{\boldsymbol{A}}| = \begin{vmatrix} \boldsymbol{s} + \boldsymbol{H}_1 & -\boldsymbol{A}_1 \\ \boldsymbol{H}_2 - \boldsymbol{A}_2 & \boldsymbol{s}\end{vmatrix} = 0$ 即 $\boldsymbol{s}^{\mathrm{T}}\boldsymbol{s} + \boldsymbol{s}\boldsymbol{H}_1 + \boldsymbol{A}_1(\boldsymbol{H}_2 - \boldsymbol{A}_2) = \boldsymbol{0}$。对应 $(\boldsymbol{s} + \boldsymbol{p})^{\mathrm{T}}(\boldsymbol{s} + \boldsymbol{p}) = \boldsymbol{0}$，有 $\boldsymbol{s}^{\mathrm{T}}\boldsymbol{s} + 2\boldsymbol{p}\boldsymbol{s} + \boldsymbol{p}^{\mathrm{T}}\boldsymbol{p} = \boldsymbol{0}$，利用系数比较，可得

$$\left.\begin{aligned}\boldsymbol{H}_1 &= 2\boldsymbol{p}\\ \boldsymbol{H}_2 &= \boldsymbol{A}_1^{-1}\boldsymbol{p}^{\mathrm{T}}\boldsymbol{p} + \boldsymbol{A}_2\end{aligned}\right\} \tag{7-5}$$

式中：$\boldsymbol{p} = \mathrm{diag}(p_1, p_2, p_3)$，$p_i > 0$。

注释 7-1　p_i 的大小影响观测器收敛速度，p_i 越大，观测器收敛越快，但是所带来的问题是导致系统的控制量增大。因此，在选择 p_i 参数时，需综合考虑收敛速度与控制量，使两者达到一种平衡。

2. 滑模控制器设计

滑模变结构控制系统中的运动过程可由两个阶段组成：第一阶段是趋近阶段，完全位于滑模面之外，或者有限次地穿过滑模面；第二阶段是滑动模态，完全位于滑模面上的滑动模

态区。因此，可将滑模变结构控制 $u(\hat{\boldsymbol{X}}(t),t)$ 分为切换控制与等效控制，即 $u_n(\hat{\boldsymbol{X}}(t),t)$ 与 $u_{eq}(\hat{\boldsymbol{X}}(t),t)$。其中，$\hat{\boldsymbol{X}}(t)=[\hat{\boldsymbol{X}}_1;\hat{\boldsymbol{X}}_2]$。

针对式(5-50)所示的模型，设计如下的线性滑模面：

$$s(\hat{\boldsymbol{X}}(t),t)=\boldsymbol{H}\hat{\boldsymbol{X}}(t) \tag{7-6}$$

式中：$s(\hat{\boldsymbol{X}}(t),t)$ 为设计的滑模面，是关于状态与时间的函数；$\boldsymbol{H}=[h_1,h_2,h_3,h_4,h_5,h_6]$ 为适维矩阵。根据 $\boldsymbol{H}$ 的表达式可以看出，所设计的滑模面[见式(7-6)]可进行等比缩放。

为使系统能快速接近切换面，并且改善其抖振现象，采用新型趋近律：

$$\dot{s}=-\varepsilon \mathrm{fal}(s,\eta,\delta)-k\mathrm{arsh}(s) \tag{7-7}$$

式中：

$$\mathrm{fal}(s,\eta,\delta)=\begin{cases}|s|^{\eta}\mathrm{sign}(s), & |s|>\delta\\ \dfrac{s}{\delta^{1-\eta}}, & |s|\leqslant\delta\end{cases} \tag{7-8}$$

式中：arsh 为反双曲正弦函数；$0<\delta<1$；$\eta>0$；$\varepsilon>0$；δ 为 $\mathrm{fal}(s,\eta,\delta)$ 在原点附近正负对称线性段的区间长度，并且 $\mathrm{fal}(s,\eta,\delta)$ 为非连续函数。

针对本节设计的滑模面[见式(7-6)]与趋近律[见式(7-7)]，设计的控制器为

$$u(\hat{\boldsymbol{X}}(t),t)=u_{eq}(\hat{\boldsymbol{X}}(t),t)+u_n(\hat{\boldsymbol{X}}(t),t) \tag{7-9}$$

$$u_{eq}(\hat{\boldsymbol{X}}(t),t)=-(\boldsymbol{HB})^{-1}\boldsymbol{HA}\hat{\boldsymbol{X}}(t) \tag{7-10}$$

$$u_n(\hat{\boldsymbol{X}}(t),t)=-(\boldsymbol{HB})^{-1}[\varepsilon\mathrm{fal}(s,\eta,\delta)+k\mathrm{arsh}(s)] \tag{7-11}$$

证明　选择如下的李雅普诺夫函数：

$$V=\frac{1}{2}s^2(\hat{\boldsymbol{X}}(t),t) \tag{7-12}$$

对式(7-12)求导，可得

$$\begin{aligned}\dot{V}&=s(\hat{\boldsymbol{X}}(t),t)\dot{s}(\hat{\boldsymbol{X}}(t),t)=s(\hat{\boldsymbol{X}}(t),t)\boldsymbol{H}\dot{\hat{\boldsymbol{X}}}(t)=\\&s(\hat{\boldsymbol{X}}(t),t)\boldsymbol{H}(\boldsymbol{A}\hat{\boldsymbol{X}}(t)+\boldsymbol{B}u)\end{aligned} \tag{7-13}$$

将式(7-9)～式(7-11)代入式(7-13)，可得

$$\begin{aligned}\dot{\boldsymbol{V}}&=s(\hat{\boldsymbol{X}}(t),t)[\boldsymbol{HA}\hat{\boldsymbol{X}}(t)+\boldsymbol{HB}u]=\\&s(\hat{\boldsymbol{X}}(t),t)[\boldsymbol{HA}\hat{\boldsymbol{X}}(t)-\boldsymbol{HA}\hat{\boldsymbol{X}}(t)-\varepsilon\mathrm{fal}(s,\eta,\delta)-k\mathrm{arsh}(s)]=\\&s(\hat{\boldsymbol{X}}(t),t)[-\varepsilon\mathrm{fal}(s,\eta,\delta)-k\mathrm{arsh}(s)]=\\&-s(\hat{\boldsymbol{X}}(t),t)[\varepsilon\mathrm{fal}(s,\eta,\delta)+k\mathrm{arsh}(s)]\leqslant 0\end{aligned} \tag{7-14}$$

因此，本节设计的控制器渐进稳定。

注释 7-2　为了实现方便，高增益观测器与滑模控制采用 MATLAB 文件进行实现，这里不再给出控制器结构图。

7.1.2　仿真分析

1. 计算机仿真

本节针对系统模型[见式(5-50)、式(5-51)]，采用本节设计的控制器[见式(7-9)]进行仿真验证。滑模面参数设计为：$\delta=0.02$，$k=6$，$\eta=0.5$，$\varepsilon=0.01$。高增益观测器参数：$\boldsymbol{p}=\mathrm{diag}(2,2,2)$，$\boldsymbol{H}_1$，$\boldsymbol{H}_2$ 根据式(7-5)进行计算。控制量最大值为 20 m/s^2。设定系统初始状

态为[0.1,0.01,−0.01,0.0 ,0.0,0.0]^T,观测器初始状态为[0.0,0.0,0.0,0.0,0.0,0.0]^T。

根据上述仿真参数,仿真结果如图 7-2 ~ 图 7-8 所示。图 7-2 所示为小车位移与小车速度曲线(图中实线为系统实际值,点划线为观测器估计值),从图中可以看出,在系统初始状态不为 0 的情况下,系统经过 5 s时间能够收敛到平衡状态,且在稳定过程中,小车的最大位移为 0.15 m,远小于本节采用的实验设备小车行程 0.8 m,小车最大速度约0.2 m/s。

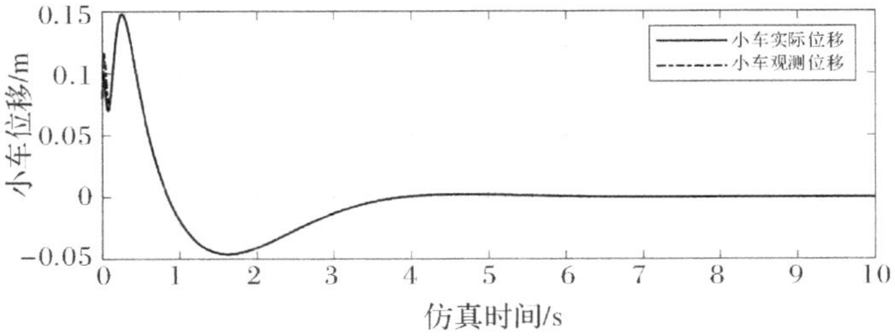

(a)

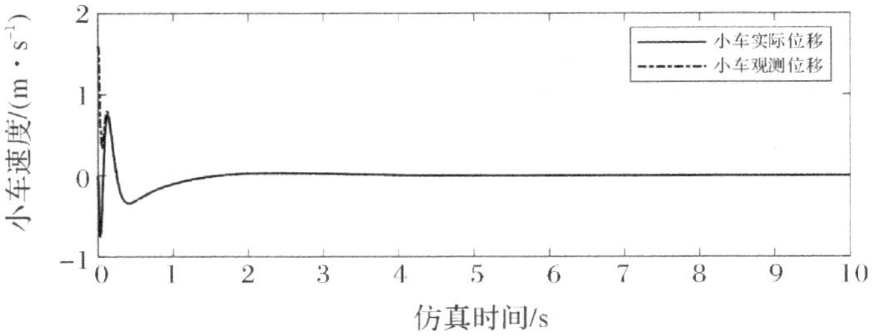

(b)

图 7-2　小车位移与速度的变化曲线

(a) 小车位移的变化曲线;(b) 小车速度的变化曲线

图 7-3 和图 7-4 所示为摆杆 1 和摆杆 2 角度与角速度随时间变化曲线,可以看出,摆杆角度最大偏差为 4°(初始值为 0.5°),最大角速度为 30°/s,且均能够在 5 s 内收敛至平衡位置。

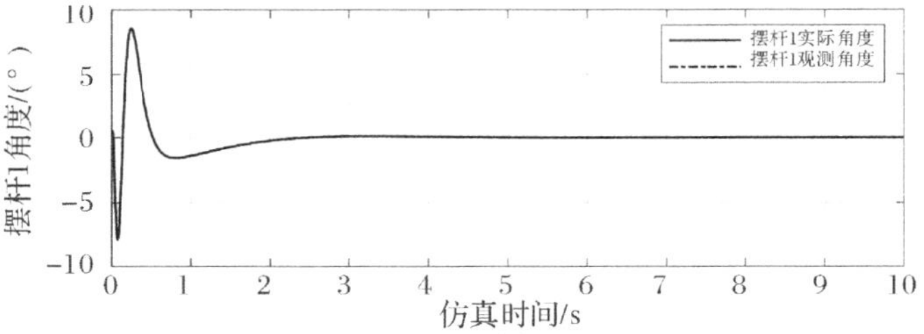

(a)

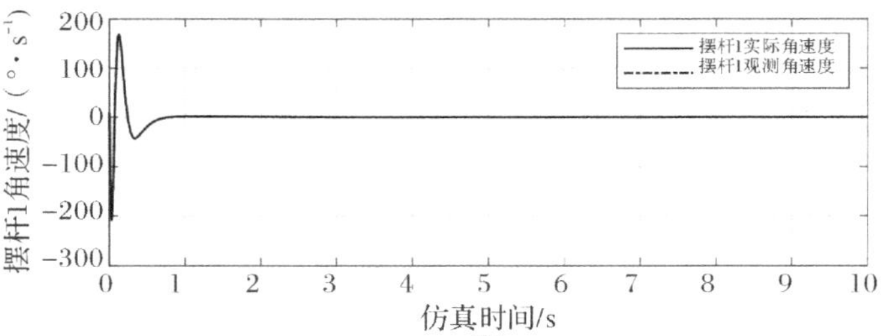

(b)

图 7-3　摆杆 1 角度与角速度的变化曲线

(a) 摆杆 1 角度的变化曲线;摆杆 1 角速度的变化曲线

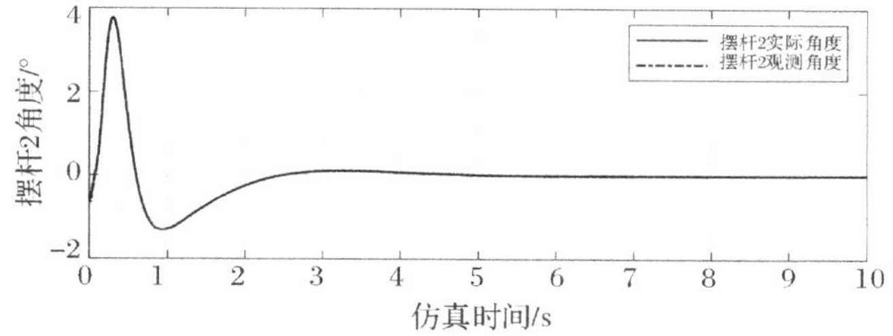

(a)

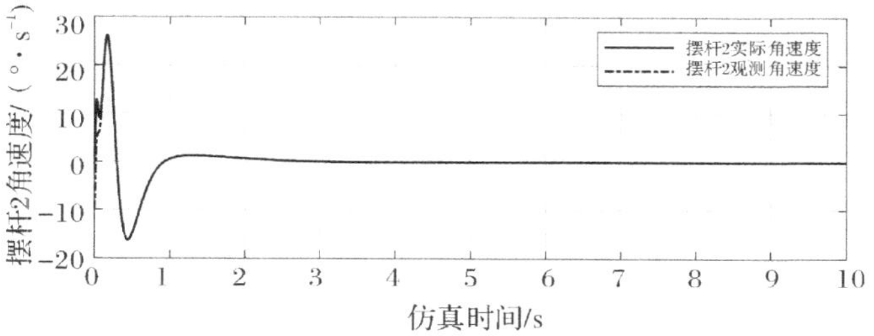

(b)

图 7-4　摆杆 2 角度与角速度的变化曲线

(a) 摆杆 2 角度的变化曲线;(b) 摆杆 2 角速度的变化曲线

图 7-5 所示为滑模控制曲线,可以看出,滑模控制量相对较小,最大值约 2.5 m/s^2,收敛时间与系统收敛时间一致。在系统稳定过程中,控制量变化非常平稳,系统控制量均很小,5 s 后,系统趋于稳定。

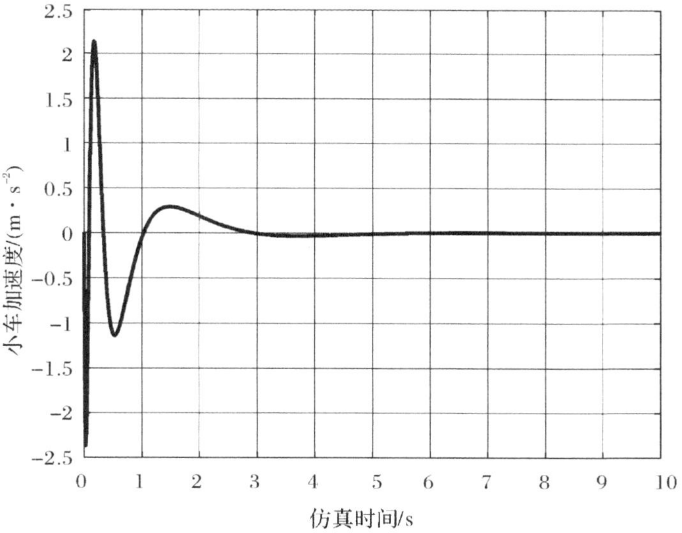

图 7-5　控制量的变化曲线

图 7-6 ~ 图 7-8 所示为观测器观测误差曲线。从图中可以看出,当观测器初始状态存在偏差时,观测器均能在 2 s 内实现对系统状态的精确估计,且在系统收敛过程中,估计误差均很小,系统稳定后,估计误差一直保持为 0。

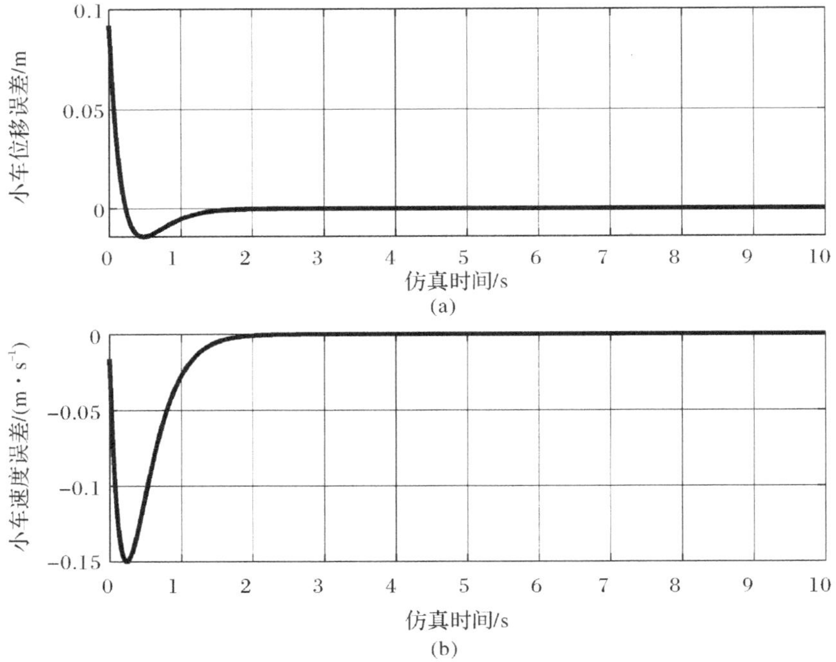

图 7-6　小车位移与速度观测误差

(a) 小车位移观测误差；(b) 小车速度观测误差

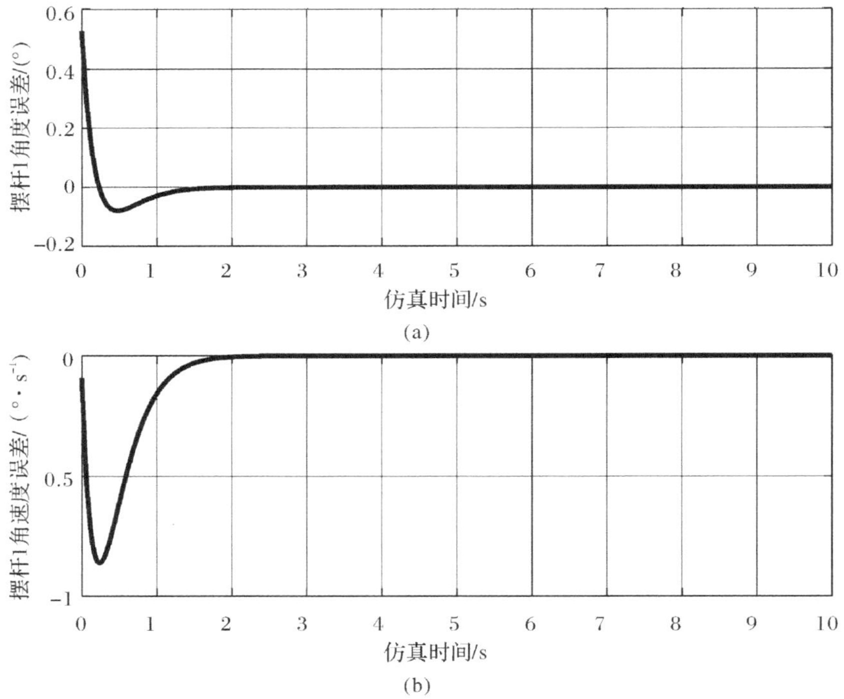

图 7-7　摆杆 1 角度与角速度观测误差

(a) 摆杆 1 角度观测误差；(b) 摆杆 1 角速度观测误差

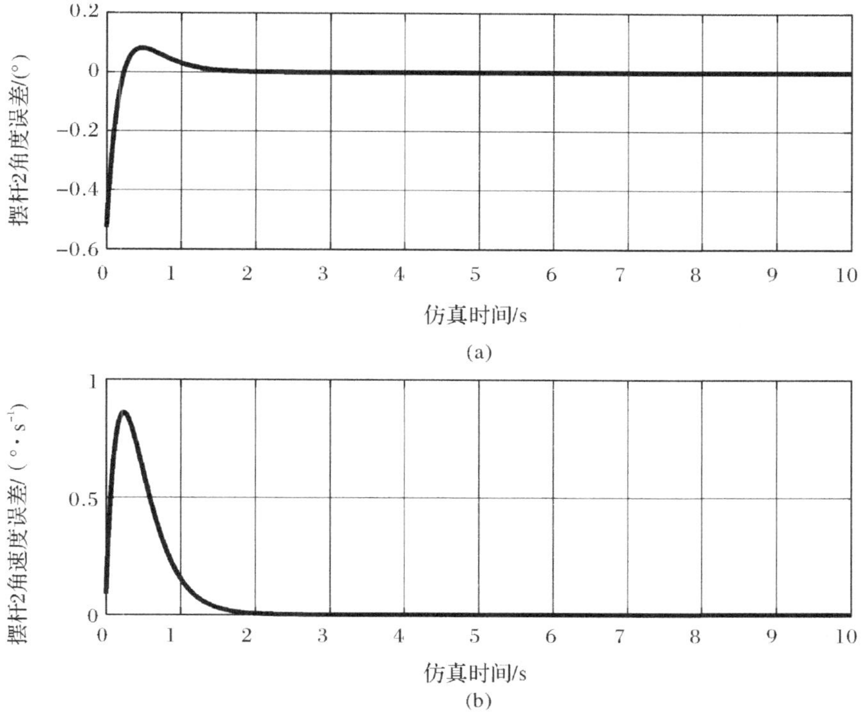

图 7－8　摆杆 2 角度与角速度观测误差

(a) 摆杆 2 角度观测误差；(b) 摆杆 2 角速度观测误差

2. 实验验证

根据本节设计的控制器，采用倒立摆实验装置进一步验证本节所设计的控制器的有效性（具体硬件实现包括上位机、控制箱和二级倒立摆）。图 7－9 所示为二级倒立摆控制软件主界面，图 7－10 所示为高增益观测器与滑模控制程序具体实现界面（图中高增益观测器与滑模控制器模块为控制器核心模块，其他模块为辅助模块），从图中可以看出，本节在进行控制器设计时，仅仅利用了二级倒立摆系统的实际测量信息。

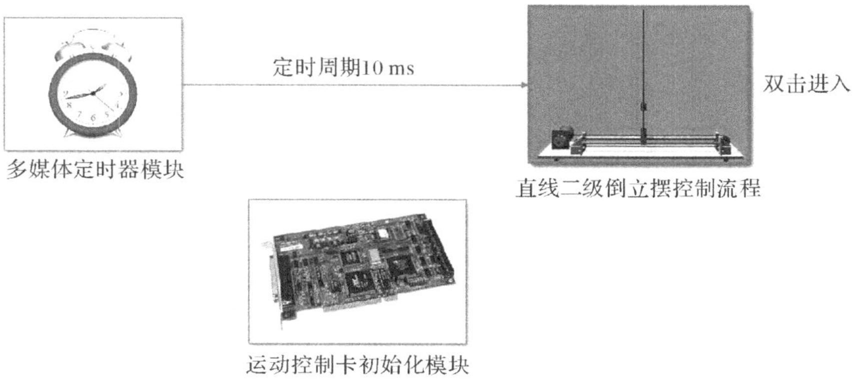

图 7－9　二级倒立摆控制软件主界面（基于 Simulink）

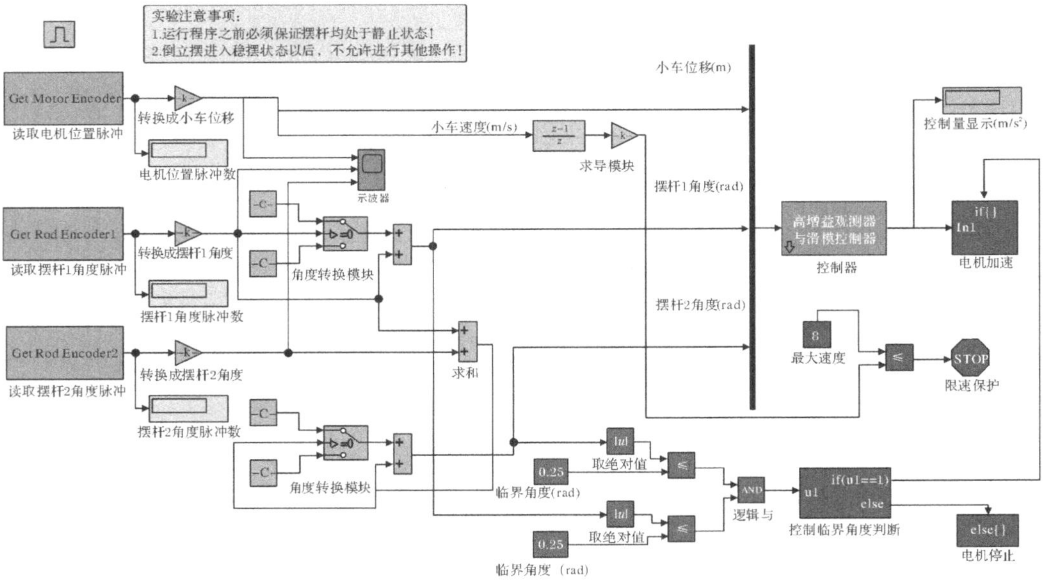

图 7-10　高增益观测器与滑模控制程序

根据图7-9所示的控制软件和图7-10所示的高增益观测器与滑模控制程序进行实验，实验结果如图 7-11 所示。实验结果表明，利用本节设计的控制器，倒立摆摆杆稳定性很好，一级和二级摆杆均处于垂直状态，而且小车的左右移动范围很小，因此本节设计的控制器具有良好的控制性能。

图 7-11　运行中的倒立摆实验系统

7.2 基于自抗扰与滑模的直线二级倒立摆控制器设计

7.2.1 直线二级倒立摆控制器设计

滑模控制因具有良好的控制性能，在实际中具有很好的应用效果。自抗扰控制是一种不依赖于系统模型的控制策略，只需要对对象的阶次，力的作用范围，输入/输出通道个数和联结方式进行简单分析即可实现其控制策略的研究，能够对系统未建模动态进行补偿。因此，本节针对确定性模型部分，基于滑模控制进行控制器设计，对系统未建模部分，采用自抗扰控制进行扰动补偿，提高系统的抗干扰能力。控制系统总体结构如图 7-12 所示。

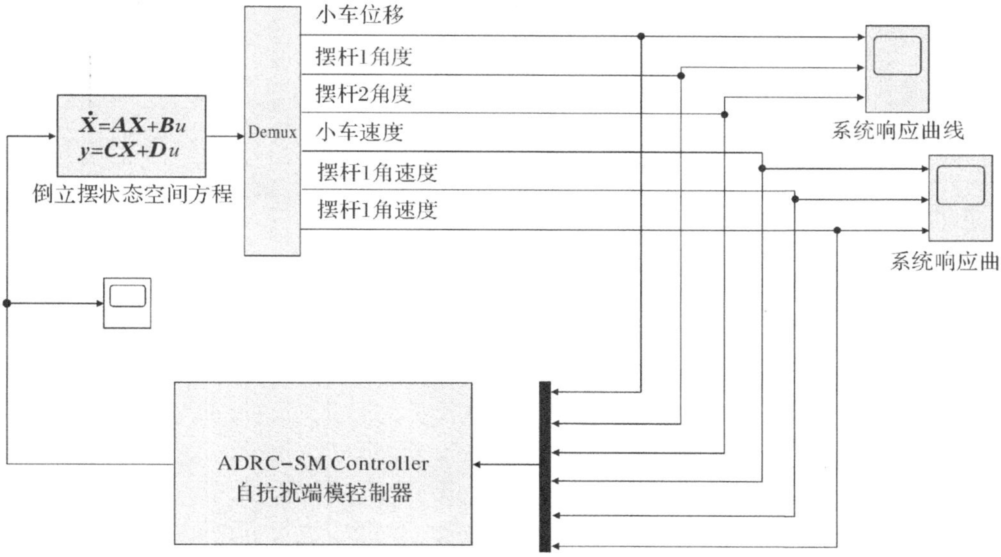

图 7-12　控制系统总体结构图

对直线二级倒立摆确定性模型部分，通过滑模控制实现对状态变量的控制。通过自抗扰控制实现对以摆杆 2 角度为主的未建模部分的估计补偿，用滑模控制与自抗扰控制产生的加速度之和实现直线二级倒立摆的控制作用，具体实现如图 7-13 所示。

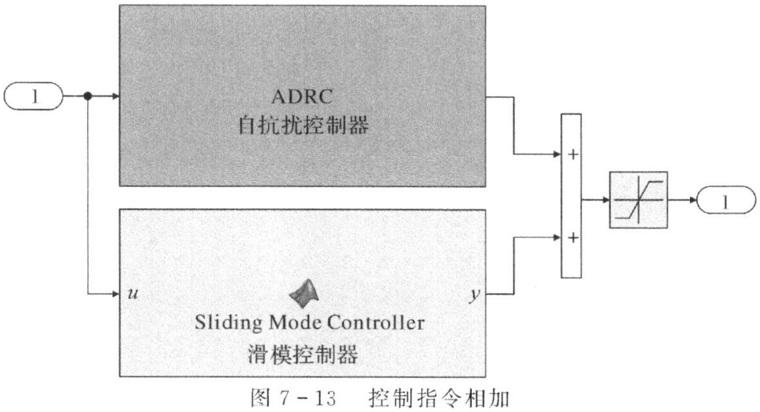

图 7-13　控制指令相加

关于滑模控制器的设计请参考 7.1.1 节，自抗扰控制器的设计如下。

自抗扰控制包括三部分：跟踪微分器、扩张状态观测器和误差补偿控制器。

(1) 跟踪微分器。

$$\left.\begin{aligned}&fh=\mathrm{fhan}(v_1(k)-x(k),v_2(k),r,h)\\&v_1(k+1)=v_1(k)+hv_2(k)\\&v_2(k+1)=v_2(k)+hfh\end{aligned}\right\}\tag{7-15}$$

(2) 扩张状态观测器。

$$\left.\begin{aligned}&z_1(k+1)=z_1(k)+h\{z_2(k)-\beta_1[z_1(k)-y(k)]\}\\&z_2(k+1)=z_2(k)+h\{z_3(k)-\beta_2[z_1(k)-y(k)]+bu\}\\&z_3(k+1)=z_3(k)-h\beta_3[z_1(k)-y(k)]\end{aligned}\right\}\tag{7-16}$$

(3) 误差补偿控制器。

$$\left.\begin{aligned}&e_1(k)=v_1(k)-z_1(k)\\&e_2(k)=v_2(k)-z_2(k)\\&u_0=b_1e_1(k)+b_2e_2(k)\\&u=(u_0-z_3)/b_0\end{aligned}\right\}\tag{7-17}$$

本节搭建的 ADRC 控制模型如图 7-14 所示。式中 $x(k)$ 为摆杆 2 的跟踪指令，本节设计为常值 0，式中 $y(k)$ 为摆杆 2 的实际测量角度。

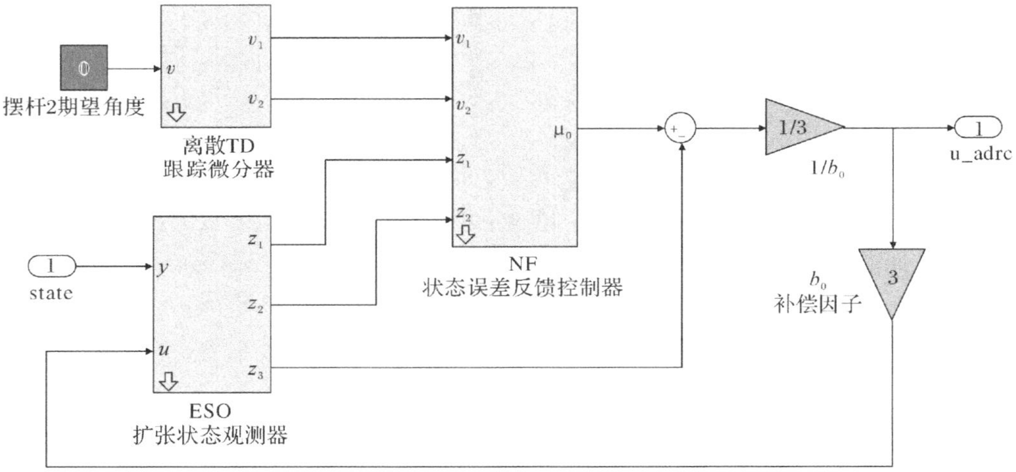

图 7-14 ADRC 控制结构图

7.2.2 仿真分析

1. 计算机仿真

本节针对系统模型式(5-45)以及式(5-46)，采用式(7-9)与式(7-17)所示的控制器进行仿真验证。控制器参数取值如下所示：$\delta=0.02$，$k=6$，$\eta=0.5$，$\varepsilon=0.01$，$r=100$，$W=$

70，$k_1=5$，$k_2=5$，$b_0=3$。期望跟踪状态：$x_d=0.0$ m，$\theta_{1d}=\theta_{2d}=0°$。控制量最大值 20 m/s^2。设定系统初始状态为$[0.0,0.1,0.1,0.0,0.02,0.01]^T$。

根据本节设计的控制器，仿真结果如图 7-15～图 7-19 所示。

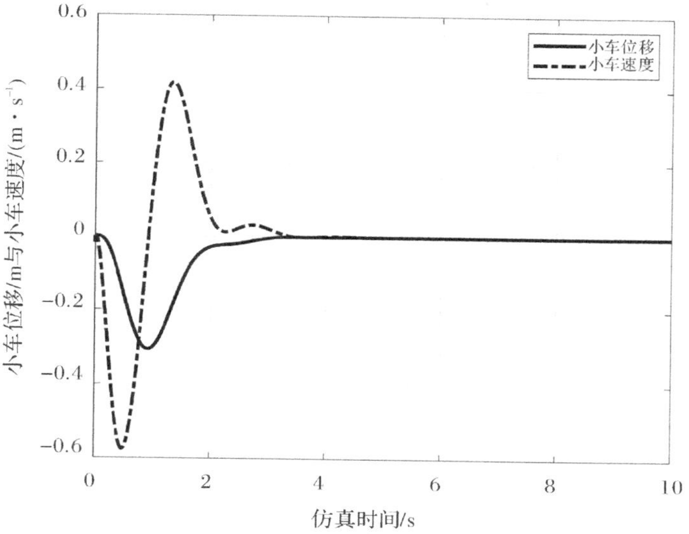

图 7-15　小车位移与速度的变化曲线

图 7-15 所示为小车位移与小车速度曲线，从图中可以看出，在系统初始状态不为 0 的情况下，系统经过 4 s 能够收敛到平衡状态，且在稳定过程中，小车的最大位移为 0.3 m，远小于本节采用的实验设备小车行程 0.8 m，小车最大速度约 0.6 m/s。图 7-16 和图 7-17 所示为摆杆 1 和摆杆 2 角度与角速度随时间的变化曲线，可以看出，摆杆角度最大偏差为 0.1 rad(初始值为 0.1 rad)，最大角速度为 0.6 rad/s，且均能够在 4 s 内收敛至平衡位置。

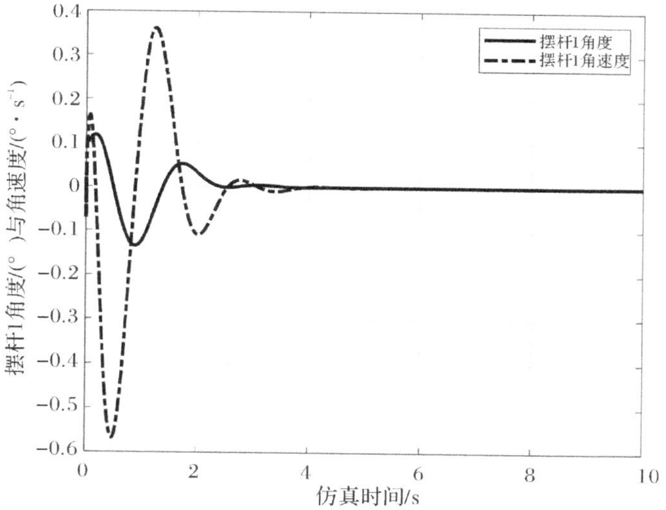

图 7-16　摆杆 1 角度与角速度的变化曲线

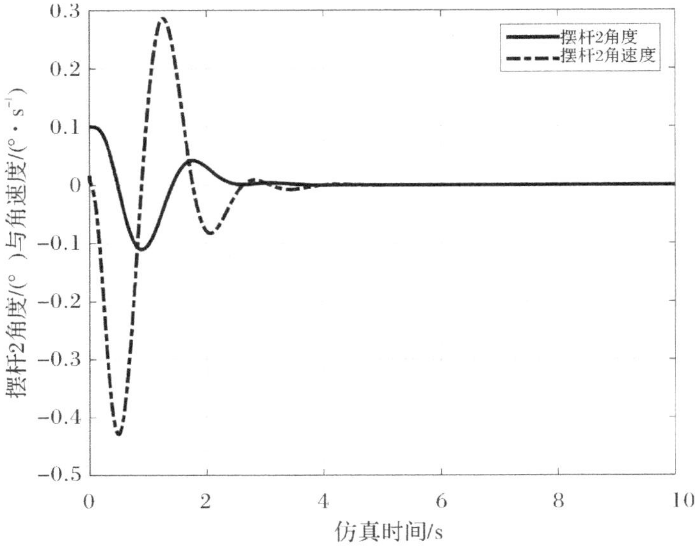

图 7-17　摆杆 2 角度与角速度的变化曲线

图 7-18 所示为滑模控制与自抗扰控制曲线，从仿真结果可以看出，自抗扰控制在控制初期，为了快速消除模型不确定性与干扰，在控制初期，需要较大的控制能量。但是，在快速消除不确定性与干扰后，控制量在很短时间内收敛到 0，代表系统能够很快消除扰动带来的影响，滑模控制量相对较小，最大值约 2 m/s^2，收敛时间与系统收敛一致，代表在扰动消除后，滑模控制对系统起主要控制作用。

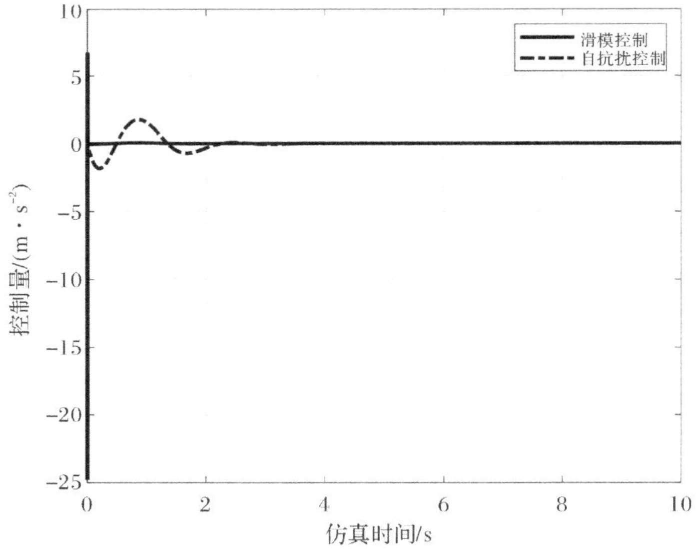

图 7-18　滑模控制与自抗扰控制的变化曲线

图 7-19 所示为系统总控制量曲线(滑模控制与自抗扰控制之和)，可以看出，在系统稳定过程中，控制量变化非常平稳，系统控制量均很小，4 s 后，系统趋于稳定。

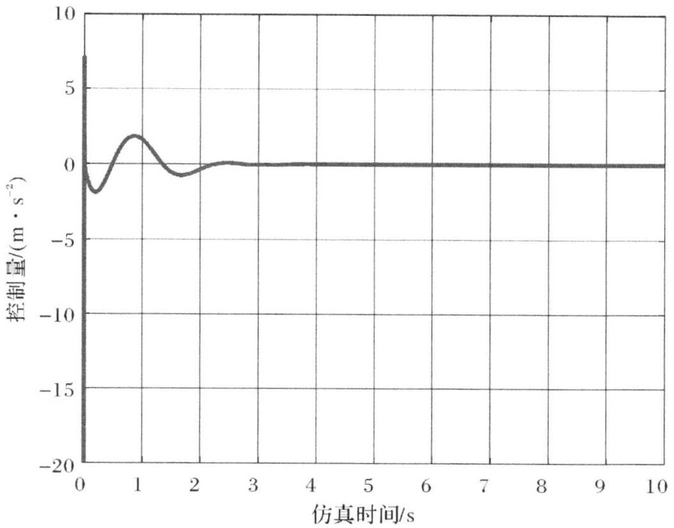

图 7-19　控制量的变化曲线

2. 实验验证

根据本节设计的控制器，采用倒立摆实验装置进一步验证本节所设计的控制器的有效性(具体硬件实现包括上位机、控制箱和二级倒立摆)。图 7-20 所示为基于 SM + ADRC 控制程序具体实现界面(图中 SM + ADRC 模块为控制器核心模块，具体实现同图 7-12 ~ 图 7-14，其他模块为辅助模块)。

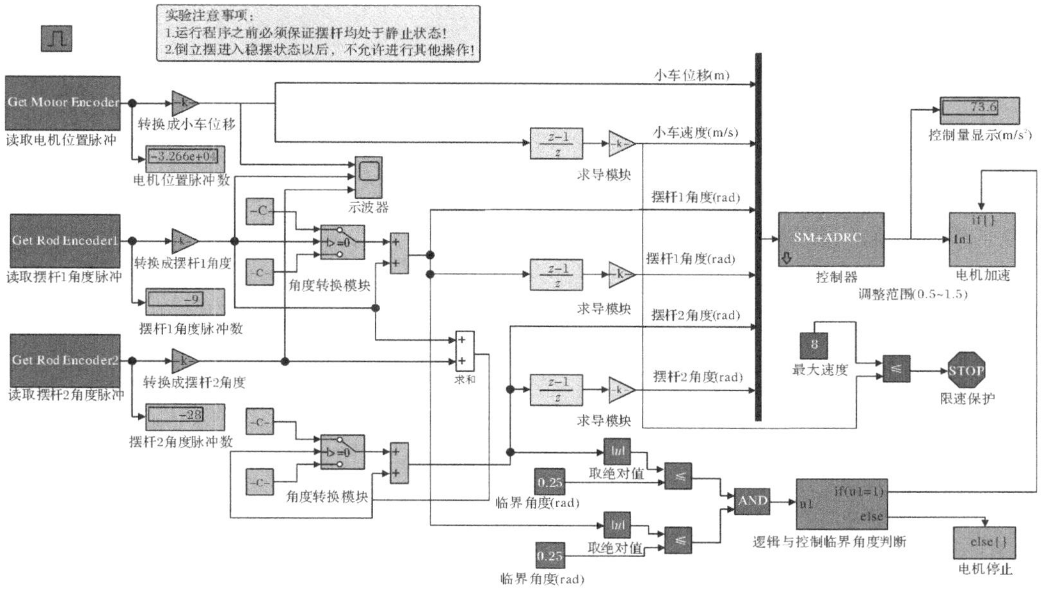

图 7-20　基于 SM + ADRC 控制程序实现

根据 SM + ADRC 控制程序进行实验，实验结果如图 7-21 所示。实验结果表明，利用本节设计的控制器，倒立摆摆杆稳定性很好，一级和二级摆杆均处于垂直状态，而且小车的左右移动范围很小，因此本节设计的控制器具有良好的控制性能。

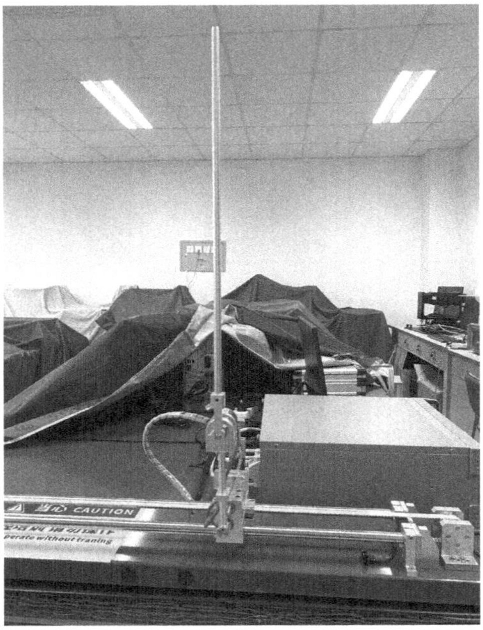

图 7-21　运行中的倒立摆实验系统

7.3　基于深度神经网络的直线二级倒立摆控制器设计

7.3.1　训练数据生成

由于采用人工神经网络监督学习的学习方式，且 LQR 在二级倒立摆的控制问题上表现较好，所以选择 LQR 作为学习对象。根据二级倒立摆系统的线性化状态空间方程，可利用 MATLAB 中的 lqr 函数求出最优的反馈增益矩阵 $\boldsymbol{K}$：

$$\boldsymbol{K} = \mathrm{lqr}(\boldsymbol{A}, \boldsymbol{B}, \boldsymbol{Q}, \boldsymbol{R}) \tag{7-18}$$

式中：矩阵 $\boldsymbol{Q}$ 和 $\boldsymbol{R}$ 分别是对系统状态变量和输入的加权矩阵，用以构成二次型目标函数，取 $\boldsymbol{Q} = \mathrm{diag}(10, 150, 200, 5, 30, 15)$，$R = 1$。

在控制过程中采集二级倒立摆系统的输出值和控制器的输出值作为训练样本。在人工神经网络的训练中，数据分布会对训练产生影响，神经网络的输入数据范围较大会导致神经网络收敛慢、训练时间长。同时，在深度神经网络（Deep Neural Networks，DNN）中，数据在经过上一层网络的变换后，其分布会发生变化，这会给下一层网络学习带来困难，同时在误差反向传播过程中，可能会出现梯度消失的问题，也会导致收敛慢。因此，需要在神经网络中增加数据处理的过程。归一化是一种常用的数据处理方式，但将数据处理成标准正态分布会导致神经网络学习不到输入数据的特征，所以在归一化中加入了可训练的偏移量和缩放量，使数据保留原始的特征，计算过程如下：

$$\left.\begin{aligned} \mu_B &\leftarrow \frac{1}{m}\sum_{i=1}^{m} x_i \\ \sigma_B^2 &\leftarrow \frac{1}{m}\sum_{i=1}^{m}(x_i-\mu_B)^2 \\ \hat{x}_i &\leftarrow \frac{x_i-\mu_B}{\sqrt{\sigma_B^2+\varepsilon}} \\ y_i &\leftarrow \gamma\hat{x}_i+\beta \end{aligned}\right\} \tag{7-19}$$

式中：x_i 是批量数据中第 i 个数据；μ_B 是批量数据的均值；σ_B^2 是批量数据的方差；y_i 是第 i 个数据的处理结果。

这种数据处理方式还可以应用在隐含层之间，提高 DNN 的训练速度，降低过拟合。

7.3.2　深度神经网络构建与训练

Pytorch 是一种深度学习框架，提供了图形处理器(Graphic Processing Unit，GPU)加速的张量计算和包含自动求导系统的深度神经网络。使用 Pytorch 框架搭建的全连接神经网络如图 7－22 所示。

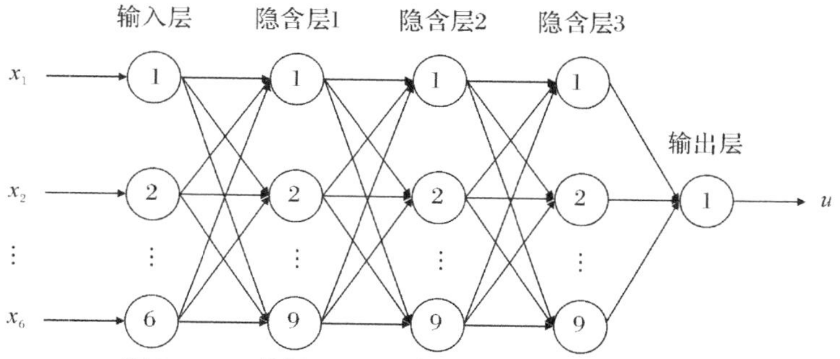

图 7－22　使用 Pytorch 框架搭建的神经网络结构

其中，二级倒立摆系统的 6 个状态变量作为输入，3 个隐含层均有 9 个节点，激活函数选择 Relu 激活函数的变体 ELU 函数，其公式如下：

$$f(x)=\begin{cases} x, & x>0 \\ e^x, & 其他 \end{cases} \tag{7-20}$$

使用 ELU 函数能使激活函数在 $x>0$ 时导数为 1，该函数能一定程度上解决误差反向传播时的梯度消失问题。

考虑到输出量 u 为正和为负的概率相等，所以设最后一层网络的偏置为 0，并且二级倒立摆系统的状态变量平均值应该为 0，故第一次数据标准化处理时将偏移量 β 恒取为零。

损失函数采用均方误差损失函数加上偏差与期望比值的绝对值，即

$$\text{loss}=(y-\overline{y})^2+\left|\frac{y-\overline{y}}{\overline{y}}\right| \tag{7-21}$$

设计式(7－21)等号右边第二项的目的是当被控系统接近稳定时(即控制器输出较小

时)，神经网络的输出能更接近期望输出，优化器选择 Adam 优化器。

在 Pytorch 中实现深度神经网络的流程如图 7-23 所示。

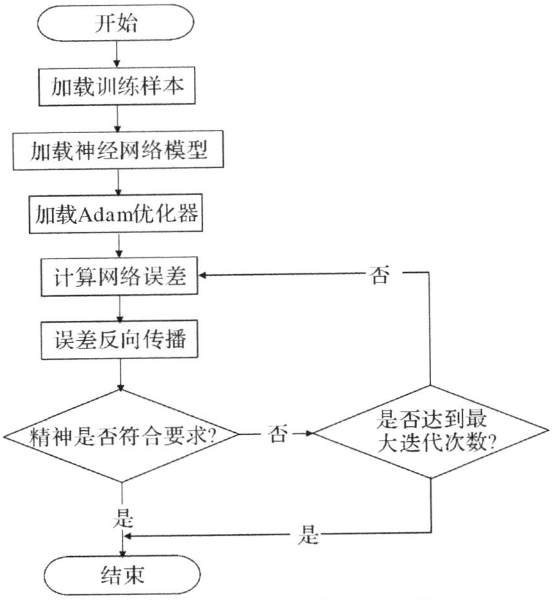

图 7-23　神经网络训练流程

基于 Pytorch 的深度神经网络训练程序核心内容如下：

```
class Model(torch. nn. Module):
def __init__(self):
    super(). __init__()
    self. linear1 = torch. nn. Linear(6, 9, bias = False)
    self. linear2 = torch. nn. Linear(9, 9, bias = True)
    self. linear3 = torch. nn. Linear(9, 9, bias = True)
    self. linear4 = torch. nn. Linear(9, 1, bias = False)
    self. ELU = torch. nn. ELU(alpha = 1)
    self. bn1 = torch. nn. BatchNorm1d(6, affine = True)
    self. bn2 = torch. nn. BatchNorm1d(9, affine = True)
    self. bn3 = torch. nn. BatchNorm1d(9, affine = True)
    self. bn1. bias. requires_grad = False
    self. bn2. bias. requires_grad = True
    self. bn3. bias. requires_grad = True
 def forward(self, x):
    x = self. bn1(x)
    x = self. ELU(self. linear1(x))
    x = self. bn2(x)
```

```
        x = self.ELU(self.linear2(x))
        x = self.bn3(x)
        x = self.ELU(self.linear3(x))
        x = self.linear4(x)
        return x
model = Model()criterion = torch.nn.MSELoss(reduction = 'mean')
optimizer = torch.optim.Adam(model.parameters(), lr = 0.01, betas = (0.9, 0.999))
for epoch in range(1000):
for i, (inputs, labels) in enumerate(train_loader, 0):
        inputs, labels = inputs, labels
        y_pred = model(inputs)
        loss = criterion(y_pred, labels)
        optimizer.zero_grad()
        loss.backward()
        optimizer.step()
```

使用 tensorboard 工具包观察神经网络的训练过程，神经网络的输出与期望输出的均方误差变化曲线如图 7-24 所示。

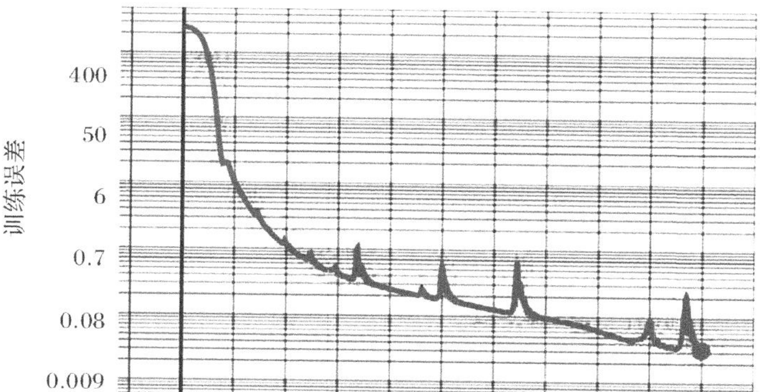

图 7-24　神经网络训练误差

从图 7-24 中可以看出，损失函数值随迭代次数增加而不断减小，最终收敛到小于 0.1。

7.3.3　仿真分析

1. 计算机仿真

根据倒立摆数学模型和训练完成的 DNN 控制器在 MATLAB 中搭建二级倒立摆控制系统仿真模型，运行仿真模型，并与单隐层神经网络控制器性能进行对比。图 7-25 ～ 图 7-28 给出了二级倒立摆小车位移 s、摆杆 1 偏离铅垂线的角度 θ_1 和摆杆 2 偏离铅垂线的角

度 θ_2 的仿真曲线。

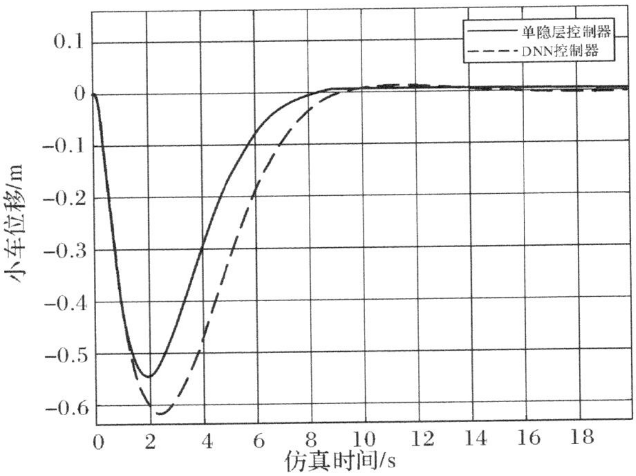

图 7－25　二级倒立摆小车位移 s 的仿真曲线

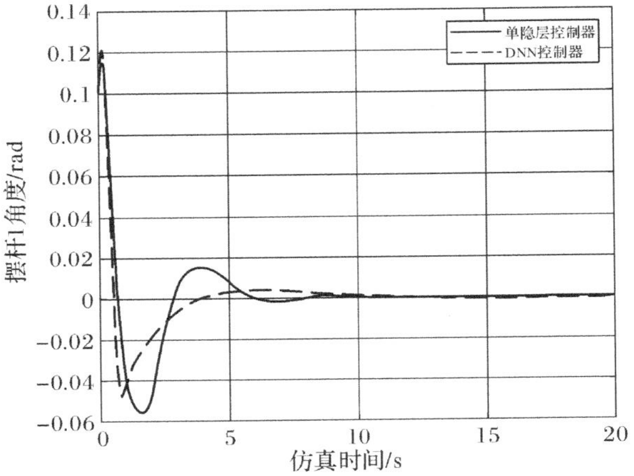

图 7－26　二级倒立摆摆杆 1 角度 θ_1 的仿真曲线

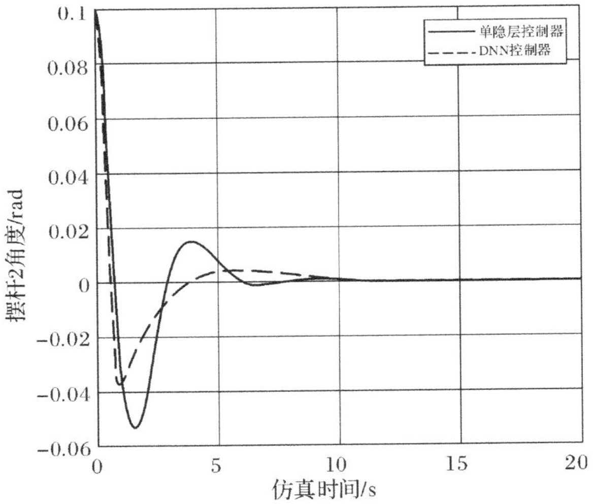

图 7－27　二级倒立摆摆杆 2 角度 θ_2 的仿真曲线

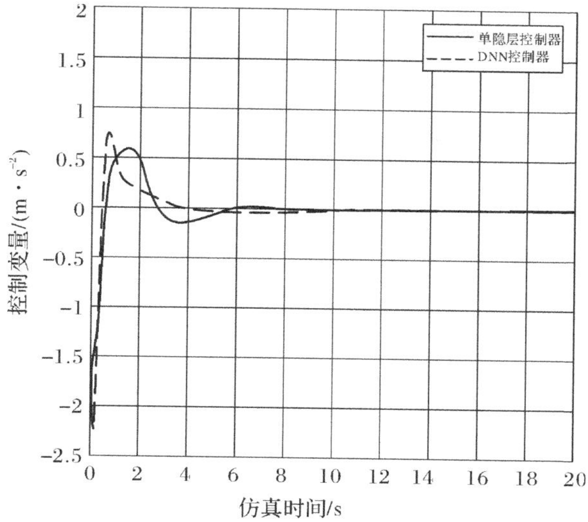

图 7-28　二级倒立摆控制变量 u 的仿真曲线

从图 7-25 ～ 图 7-28 可以看出，DNN 的二级倒立摆控制器能实现对二级倒立摆的稳定控制，并且在摆杆 1 角度和摆杆 2 角度的控制性能明显好于单隐层控制器，并且控制消耗的能量也少于单隐层控制器(约为单隐层控制器的 80%)，但在小车位移的控制上要差于单隐层控制器。

在仿真进行 10 s 后增加一个扰动，DNN 控制器和单隐层神经网络控制器仿真控制曲线如图 7-29 ～ 图 7-32 所示。由图 7-29 ～ 图 7-32 可以看出，在加入相同的扰动后，DNN 控制出现的波动小于单隐层控制。说明了该控制方法的有效性和可行性。

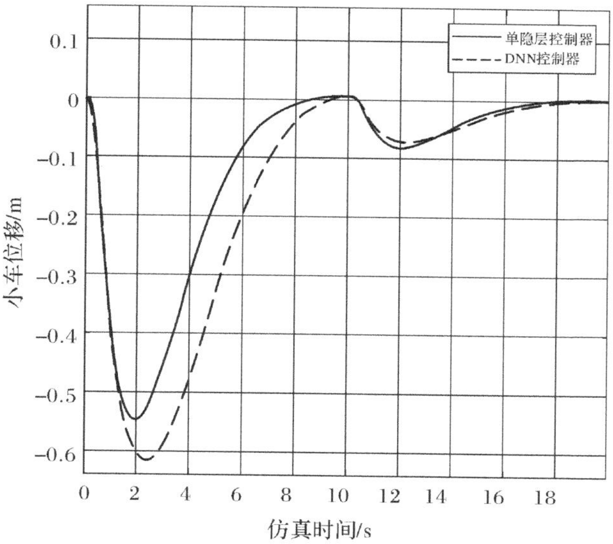

图 7-29　二级倒立摆小车位移 s 的仿真曲线(扰动)

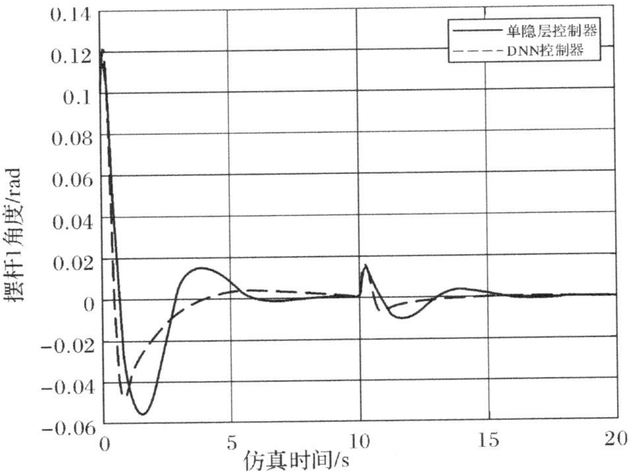

图 7-30　二级倒立摆摆杆 1 角度 θ_1 的仿真曲线(扰动)

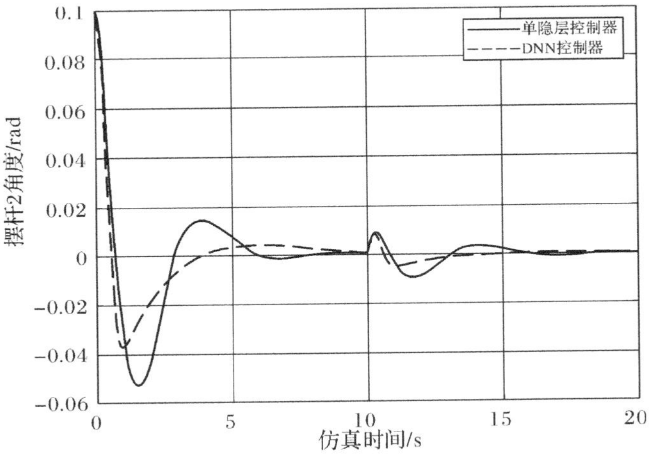

图 7-31　二级倒立摆摆杆 2 角度 θ_2 的仿真曲线(扰动)

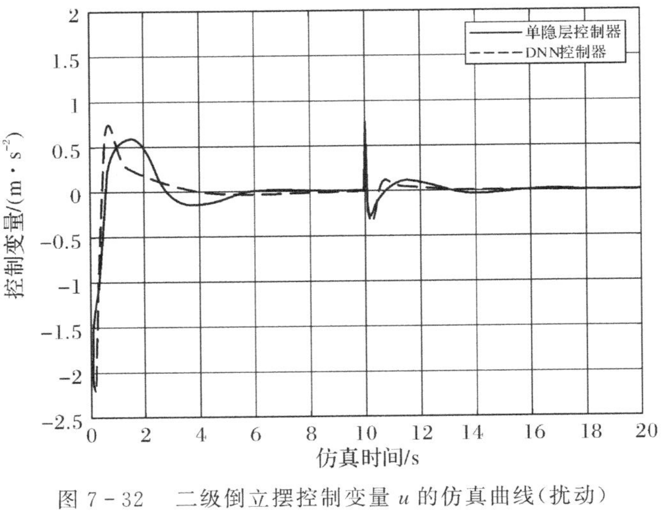

图 7-32　二级倒立摆控制变量 u 的仿真曲线(扰动)

为了验证被控系统参数具有偏差时DNN控制器的鲁棒性，对仿真时被控系统参数做出如下调整：

$$\left.\begin{array}{l}\Delta m_1 = 0.1\ \mathrm{kg}, \Delta m_2 = -0.1\ \mathrm{kg} \\ \Delta m_3 = 0.05\ \mathrm{kg}, \Delta l_1 = 0.02\ \mathrm{m} \\ \Delta l_2 = 0.04\ \mathrm{m}, \Delta g = 0.03\ \mathrm{m/s^2}\end{array}\right\} \tag{7-22}$$

DNN 控制器和单隐层控制器的参数不变，对比仿真结果如图 7-33 ～ 图 7-36 所示。

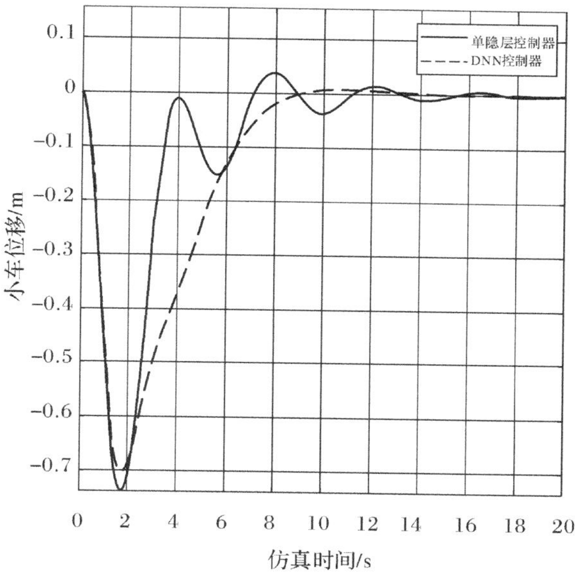

图 7-33　二级倒立摆小车位移 s 的仿真曲线(系统偏差)

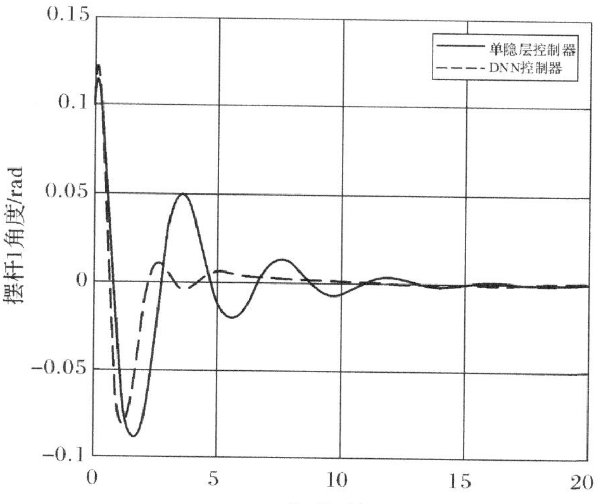

图 7-34　二级倒立摆摆杆 1 角度 θ_1 仿真曲线(系统偏差)

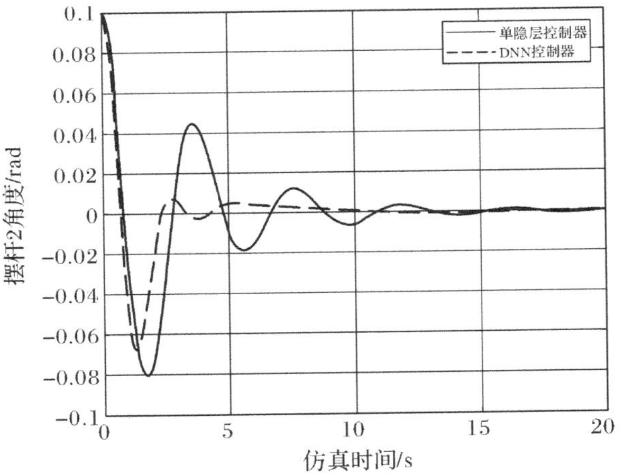

图 7-35　二级倒立摆摆杆 2 角度 θ_2 的仿真曲线(系统偏差)

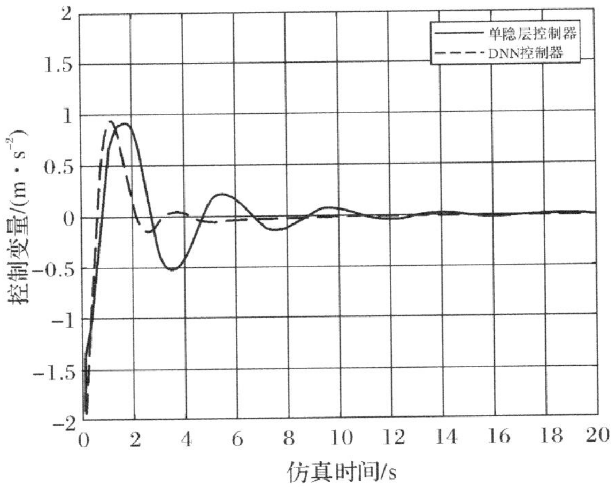

图 7-36　二级倒立摆控制变量 u 的仿真曲线(系统偏差)

由图 7-33～图 7-36 可以看出,在被控系统参数存在相同的偏差时,DNN 控制器的控制效果好于单隐层控制器,说明了 DNN 控制器具有较强的鲁棒性。

2. 实验验证

程序运行后,摆杆 1 和摆杆 2 能保持较稳定的直立状态,小车在一定范围内左右运动,并且给摆杆施加一个合适的小扰动后,该系统也能很快恢复平衡状态。实验证明了 DNN 控制器设计的有效性和鲁棒性。

7.4　本章小结

(1) 本章 7.1 节针对直线二级倒立摆控制问题,基于高增益观测器与滑模控制开展了控制方法研究。针对倒立摆小车速度与摆杆角速度不可测问题,基于高增益观测器进行实时估计，针对建立的系统模型，基于滑模变结构控制理论进行了控制器设计。通过理论分析、搭建 Simulink 仿真模型进行计算机仿真以及直线二级倒立摆实验系统进行实验，验证了 7.1 节设计的控制器的有效性，解决了直线二级倒立摆控制器设计的应用难题。

(2) 本章 7.2 节针对直线二级倒立摆控制问题，基于自抗扰与滑模控制进行控制方法研究。针对建立的确定性模型，基于滑模变结构控制理论进行了控制器设计，针对未建模部分，基于自抗扰理论进行扰动补偿。通过仿真分析与实验，验证了本节设计的控制器的有效性和可行性。

(3) 针对直线二级倒立摆鲁棒控制问题，研究了基于深度神经网络的智能控制器设计方法。构建了深度神经网络模型与直线二级倒立摆数学模型，利用 LQR 控制作为深度神经网络训练导师，实现对深度神经网络训练与优化。针对构建的神经网络控制器，通过仿真与实验验证了深度神经网络控制器设计方法在直线二级倒立摆控制中的有效性和合理性。同时，通过增加扰动的仿真实验，验证了深度神经网络控制器的鲁棒性和稳定性。

参考文献

[1] 朱斌. 自抗扰控制入门[M]. 北京:北京航空航天大学出版社,2017.

[2] 黄杰,刘莹. 非线性系统与智能控制[M]. 北京:北京理工大学出版社,2020.

[3] 刘金琨. 滑模变结构控制 MATLAB 仿真:基本理论与设计方法[M]. 北京:清华大学出版社,2015.

[4] 冉茂鹏. 基于扩张状态观测器的不确定非线性系统控制方法研究[D]. 北京:北京航空航天大学,2018.

[5] 夏小华,高为炳. 非线性系统控制及解耦[M]. 北京:科学出版社,1997.

[6] 刘育玮,程玉强,吴建军. 航天推进系统中的智能控制方法研究进展[J]. 航空学报,2023,42(10):1-20.

[7] 吴捷,杨金明,薛锋. 现代控制理论在交流传动中的应用[J]. 控制理论与应用,1999,16(增刊):73-81.

[8] 李鹏. 传统和高阶滑模控制研究及其应用[D]. 长沙:国防科学技术大学,2011.

[9] GAO Z Q. Scaling and bandwidth-parameterization based controller tuning[C]//Proceedings of the American Control Conference. New York:IEEE,2003:4989-4996.

[10] 李杰,齐晓慧,夏元清,等. 线性/非线性自抗扰切换控制方法研究[J]. 自动化学报,2016,42(2):11.

[11] 李兴哲,王冠凌. 四旋翼飞行器自主悬停的自抗扰控制系统设计[J]. 蚌埠学院学报,2020,9(5):5.

[12] 张东洋. 基于自抗扰控制的舰载光电平台稳定跟踪控制研究[D]. 北京:北京理工大学,2021.

[13] 柳志强,王春阳. 机载光电跟瞄吊舱串级自抗扰控制算法[J]. 国外电子测量技术,2020,39(9):5.

[14] EMELYANOV S Y. Variable structure control systems[M]. Moscow:Nauka,1967.

[15] UTKIN V I. Variable structure systems with sliding modes[J]. IEEE Transactions on Automatic Control,1977,22(2):212-222.

[16] 高为炳. 变结构控制理论基础[M]. 北京:中国科学技术出版社,1990.

[17] 霍鑫. 基于非光滑 Lipschitz 曲面的控制设计方法研究[D]. 哈尔滨:哈尔滨工业大学,2011.

[18] 陈文铁. 几类不确定系统的滑模变结构控制[D]. 青岛:中国海洋大学,2010.

[19] 周占民.滑模变结构控制在机载光电平台中的应用研究[D].长春:中国科学院长春光学精密机械与物理研究所,2019.

[20] XU J X,LEE T H,WANG M,et al. Design of variable structure controllers with continuous switching control[J]. International Journal of Control,1996,65(3):409-431.

[21] CHOI H H . A new method for variable structure control system design:a linear matrix inequality approach[J]. Automatica,1997,33(11):2089-2092.

[22] 张凯.航天器近距离运动的相对轨道自适应滑模控制[D].哈尔滨:哈尔滨工业大学,2018.

[23] 王元超.机载三轴通用光电稳定平台自适应滑模控制方法研究[D].长春:中国科学院长春光学精密机械与物理研究所,2021.

[24] SONG J,ISHIDA Y . A robust sliding mode control for pneumatic servo systems[J]. International Journal of Engineering Science,1997,35(8):711-723.

[25] SHTESSEL Y,TALEB M,PLESTAN F. A novel adaptive-gain supertwisting sliding mode controller:methodology and application[J]. Automatica,2012,48(5):759-769.

[26] BASIN M,PPNATHULA C B,SHTESSEL Y. Adaptive uniform finite-/fixed-time convergent second-order sliding-mode control[J]. International Journal of Control,2016,89(9):1777-1787.

[27] LI J,XU D,ZHANG R. Backstepping variable structure control of nonlinear systems with unmatched uncertainties[J]. IFAC Proceedings Volumes,1999,32(2):2737-2741.

[28] KOSHKOUEI A J,ZINOBER A S L. Adaptive backstepping variable structure control of nonlinear systems[C]//IFAC Symposium on Robust Control Design(ROCOND 2000).[S. l.:s. n.],2000:167-172.

[29] 胡寿松.自动控制原理[M].7版.北京:科学出版社,2019.

[30] 周凤岐,周军,郭建国,等.现代控制理论基础[M].西安:西北工业大学出版社,2011.

[31] 韩京清.自抗扰控制技术:估计补偿不确定因素的控制技术[M].北京:国防工业出版社,2013.

[32] 赵志良.自抗扰控制设计与理论分析[M].北京:科学出版社,2019.

[33] 辛林杰.滑模控制理论研究及其在非线性系统中的应用[D].北京:北京理工大学,2017.

[34] 邵世芬,张开生,张鲁子.智能控制的最新应用及现状的研究[J].青岛大学学报,2018,31(4):110-115.

[35] 李鹏,传统和高阶滑模控制研究及其应用[D].长沙:国防科学技术大学,2011.

[36] YU S,YU X,SHIRINZADEH B,et al. Continuous finite-time control for robotic manipulators with terminal sliding mode[J]. Automatic,2005,41(11):1957-1964.

[37] 梅红,王勇.快速收敛的机器人滑模变结构控制[J].信息与控制,2009,38(5):522-558.

[38] 谷良贤,龚春林.航天飞行器设计[M].西安:西北工业大学出版社,2016.

[39] 武利强,韩京清.直线型倒立摆的自抗扰控制设计方案[J].控制理论与应用,2004,21(5):665-669.

[40] 鲁兴举，彭学锋，郑志强. 提高自动化专业学生工程素质：以倒立摆实验为例[J]. 实验室研究与探索，2011，30(10)：272－275.
[41] 邓晓刚，杨明辉. 面向现代控制理论实验教学的倒立摆虚拟仿真系统[J]. 实验室研究与探索，2017，36(5)：79－83.
[42] 陈龙，吴龙飞，刘凯. 环形倒立摆实验教学平台设计[J]. 实验技术与管理，2018，35(3)：66－72.
[43] 刘继光，王丽军，袁浩. 自立倒立摆系统的自摆起及稳定控制[J]. 实验技术与管理，2015，32(11)：62－65.
[44] 费红姿，王纪方，董全，等. 基于 ELVIS 的倒立摆二次型最优控制实验系统设计[J]. 实验技术与管理，2016，33(3)：70－74.
[45] 崔平，翁正新，谢剑英. 二轴倒立摆系统的平衡控制研究[J]. 实验室研究与探索，2007，26(1)：24－25.
[46] 孙大卫，曾静，张国良. 基于卡尔曼滤波的一级倒立摆 LQR 控制研究[J]. 实验技术与管理，2007，24(2)：37－40.
[47] 于树友，褚建新，王银敏. 一阶旋转倒立摆输出反馈控制[J]. 实验技术与管理，2020，37(3)：165－170.
[48] 严恭敏，翁浚. 捷联惯导算法与组合导航原理[M]. 西安：西北工业大学出版社，2019.
[49] 李蒙蒙，叶洪涛，罗文广. 带饱和函数的幂次新型滑模趋近律设计与分析[J]. 计算机应用研究，2019，36(5)：1400－1402.
[50] 姜立标，吴中伟. 基于趋近律滑模控制的智能车辆轨迹跟踪研究[J]. 农业机械学报，2018，49(3)：381－386.
[51] 高强，王晨光. 基于模糊增益调整的双关节机械手滑模轨迹跟踪控制[J]. 实验室研究与探索，2012，31(11)：78－81.
[52] 刘金琨，孙富春. 滑模变结构控制理论及其算法研究与进展[J]. 控制理论与应用，2007(3)：407－418.
[53] 郝伟，张宏立. 基于干扰观测器的板球系统非奇异终端滑模控制研究[J]. 科学技术与工程，2017，17(33)：119－124.
[54] 韩亚军. 基于线性二次最优 LQR 的直线倒立摆控制系统研究分析[J]. 电气传动自动化，2012，34(3)：22－25.
[55] CHANDRASEKARA C，DAVARI A. Inverted pendulum：an experiment for control laboratory[C]//Proceedings of the 36th Southeastern Symposium on System Theory. New York：IEEE，2004：570－573.
[56] 彭小奇，王文，宋彦坡，等. 一种可调参数前馈神经网络的快速学习算法[J]. 计算机工程，2007 (8)：187－189.
[57] 任祖华. 倒立摆系统的智能控制研究[D]. 武汉：华中科技大学，2006.
[58] 高岩，雍容. 倒立摆控制实验系统中的算法研究[J]. 实验技术与管理，2005，22(5)：20－24.

[59] 任祖华,王永骥.非线性倒立摆系统的神经网络辨识[J].计算技术与自动化,2004,23(4):20-22.

[60] 吴晓燕,张双远.MATLAB在自动控制中的应用[M].西安:西安电子科技大学出版社,2005.

[61] 高强,王晨光.基于模糊增益调整的双关节机械手滑模轨迹跟踪控制[J].实验室研究与探索,2012,(11):78-81.

[62] 韩治国,李伟,冯兴,等.基于滑模控制技术的视觉板球控制系统设计[J].技术与创新管理,2019,40(6):679-684.

[63] SANTURKAR S,TSIPRAS D,ILYAS A,et al. How does batch normalization help optimization(No,it is not about internal covariate shift)[J]. Statistics,2018(2):1467-5463.